黑潮震盪

從臺灣東岸啓航的北太平洋時空之旅

KUROSHIO ODYSSEY

A Mesmerizing Time-Space Voyage
from Taiwan's East Coast to the North Pacific

跟隨研究船和旗魚的航跡
騎乘黑潮的海上故事

詹森 江偉全 ——— 著

目次 Contents

半世紀黑潮研究故事

王冑　臺灣大學海洋研究所退休教授

　　臺灣濱臨西北太平洋以及東海與南海兩大邊緣海，周遭海域具有海峽、淺灘、大陸棚、大陸斜坡、海脊、海槽、海溝以及深海盆地等等豐富多樣的海底地形與地貌，加以這三大海域的海流系統在臺灣周邊交會並相互作用，其中尤以流經臺灣東部海域的黑潮（臺灣黑潮）最具關鍵影響力。由於地處東亞季風帶，每年除了季節風更迭外，復多颱風侵襲，另外尚有來自北太平洋向西傳播的海洋渦旋或是低頻波動影響，因此可以想見臺灣黑潮的行為必然是複雜多變。關於其特性與變化，長久以來一直是國內海洋學界關注的焦點，然而相關研究成果多發表在一般社會大眾殊少接觸的專業學術期刊上，對於普及海洋知識而言不免是種遺憾。此次由詹森教授與江偉全副研究員二位海洋學者，在忙碌的教學、研究工作之餘仍能抽暇共同撰寫這本介紹臺灣黑潮的科普讀物，著實令人欽佩，相信對於促進一般民眾認知本土海洋環境特性必能多所助益。

　　談起臺灣黑潮，身為物理海洋學界退役老兵的筆者不免又要回想起當代物理海洋學篳路藍縷的發展過程。這段歷史最早得溯及國民政府播遷來臺後未久，1960年海軍派人參加國際合作之印度洋探測工作，這些人員日後即成為國內海洋探測的第一代種子教官（例如海軍海道測

量局測量隊長張湘電中校，後來軍職外調轉任爲臺灣大學海洋研究所第一位探測技正）。當時海軍工程學院在美國軍援支持下成立了海洋學系，分爲海洋氣象與海道測量二組。1962年海軍將「永定軍艦 AM-45」掃雷艦改裝成海洋測量船，並改名爲「陽明軍艦 AGS-562」，開始了臺灣近海之海洋探測工作，並自1965年9月起支援中央研究院國際海洋研究會中國委員會，執行聯合國推動之「國際合作黑潮探測計畫」（CSK）。

　　CSK第一階段前後歷經四年，在此期間「陽明軍艦」每年固定在春、秋季分別進行一次環島以及沿著三條由臺灣東岸（鵝鑾鼻、臺東以及花蓮）至123°45'E之東西向測線上的水文調查工作，研究重點就是臺灣黑潮，當時的研究主要是由臺灣大學朱祖佑教授（註：臺灣大學海洋研究所1968年成立，朱教授爲首任所長）領軍，CSK計畫開啟了臺灣海洋研究參與國際合作探測計畫之先河，並開拓、奠定了我國在物理海洋學大範圍現場探測方面的許多作業技術基礎。

　　當時的調查成果顯示臺灣附近黑潮主軸具有隨季節擺動的特性，也初步推估出黑潮流量變化範圍以及黑潮在呂宋海峽與南海流系的互動行爲，朱教授亦曾提出並嘗試由蘇澳與石垣島二地間長期平均水位差做爲監測黑潮流量的指標等等構想，可惜受限於當時之技術以及設備水準，許多工作未殛完善。不過CSK促成了私立中國文化學院（現中國文化大學前身）海洋學系、國立臺灣大學海洋研究所以及省立海洋學院（現國立海洋大學前身）海洋學系的先後成立，奠定了往後國內海洋研究人力得以大幅成長的基礎，同時也是國家正式投入物理海洋探測實驗的開始。這一階段或可視爲物理海洋學在臺灣發展的萌芽期，開啟了黑潮探測的濫觴。

1969年底海軍將向美國租借的一艘遠洋拖船「USS Geronimo ATA-207」改裝成海洋研究船「九連軍艦 AGS-563」，1970年正式服役，並於當年8月24日至9月24日期間執行了一次縱貫南海以及暹邏灣的長航程海洋探測作業。1971年夏季，「九連軍艦」又在南海東北以及東部水域執行了一次遠洋探測工作。這些工作開創了我國研究船在南海水域進行大範圍海洋研究的先聲。「九連軍艦」於1971年8月由海軍撥交行政院國家科學委員會，再由後者轉交新成立之臺大海洋研究所管理、使用（原「九連軍艦」則改稱「九連號」）。「九連號」早期仍延續「陽明軍艦」之黑潮探測工作，但所使用之儀器則更為先進，例如採用當時最先進的STD以量測海水溫、鹽剖面，使用 GEK 海流儀量測海面流速，使用衛星導航儀定位等等；這些裝備以今日眼光來看似乎沒什麼了不起，不過確實是當時最先進的工具。這些裝備大幅強化了「九連號」的作業效率，同時也使探測資料之空間解析度大幅提高。

　　當時最重要的研究工作仍是量測花蓮以東斷面上黑潮流量的季節性變化，並期望由此可將花蓮與石垣島二地之間的水位差數值轉化為流量值（註：1975年筆者在海洋研究所研究生時代也有幸參與了一些航次），從而藉助二地長期之水位紀錄來了解黑潮的長期演變行為。可惜的是，自1971年我國退出聯合國即未再加入CSK的後續計畫，另外隨著朱祖佑教授退休（1978年）後，因研究人力青黃不接，物理海洋學在黑潮整體研究方面沉寂、荒廢了十餘年的時光。

　　1984年後隨著海研一、二、三號研究船和各類新型探測設備、研究資源以及新進人力的不斷投入到位，物理海洋學界又陸續開展了「黑潮邊緣交換過程研究」計畫以及加入一些大型國際合作計畫，諸如「世界海洋環流實驗」、「南海季風實驗」等等，分別對臺灣東北部至琉球

石垣島之間黑潮流量，以及呂宋海峽、南海的海洋環流場等進行了較大規模的探測與研究。2000年起我國與美國更開展了一序列的雙邊或多邊國際合作計畫，如「亞洲海域國際聲學實驗」(1999-2004)，VANS/WISE（2004-2006）(位於斜線前方者為我國計畫名稱，後方者則為美國計畫名稱，下同)，SCOPE/NLIWI (2006-2009)，ITOP/ITOP（2009-2012）、QPE (2008-2011)、IWISE (2008-2011) 以及2012年起開始執行（並持續至今）的OKTV/OKMC（本書作者之一的詹森教授便是OKTV計畫之總主持人）等等，這些計畫積累的調查、研究成果（特別是OKTV針對臺灣黑潮超過十年的持續調查與研究結果）使我們對臺灣周邊海域海流分佈狀況以及變化行為等特性得到更進一步的認知。

物理海洋學是架構在資料基（data-based）以及知識基（knowledge-based）上以實証研究為主的一門學科，研究者的一項重要任務就是將資料轉化成為知識。現場實驗與觀測資料從來都是物理海洋學最重要的根基，然而受限於海洋的廣闊浩瀚、環境的多變與易變，以及昂貴的儀器設備和用船費用，海洋研究人員往往很難得到充份的資源與設備以同步獲取全面又詳細的系統性觀測數據，因此多半僅能就現場作業所收集到的片面有限資料，不斷檢驗其中的點點蛛絲馬跡，並從而抽取線索，藉以界定、描述、解釋觀測到的現象，繼以理論探索其動力屬性以及制動機制，再由實驗來驗証，如此這般才能由粗而細慢慢拼湊出物理海洋現象的完整演變情形，多年下來也才使我們現今對臺灣黑潮所涉及的許多較顯著海洋過程能有比較深入的了解，甚至顛覆了過去一些傳統認知（例如OKTV揭露的有關臺灣黑潮平穩性、水平與垂直結構等等特性）。

本書二位作者為我國當代海洋學界的中堅研究人員，肩負了海洋

研究傳承與推廣的重責大任，相信這也是二位作者在忙於出海實驗與埋首研究之餘仍願擠出時間撰寫本書的初衷。臺灣周邊海域許多有趣且顯著的海洋學現象（例如內潮、孤子內波現象、臺灣海峽的海流變化、臺灣黑潮與地形的作用、東海與南海之環流以及臺灣黑潮對東海與南海之影響等等）均是海洋學上重要且特有的研究課題，但周邊海域內的強流、勁風、陡地形以及經常出現的惡劣海況往往又增添了現象的複雜性以及研究、調查作業的困難度，因此在海洋探測與資料分析、鑽研、探索的過程中可想而知有著太多甘苦辛酸的故事，相信其中一些都能構成吸引一般大眾興趣的素材。祈望有更多的海洋工作者能響應本書，將海洋工作方方面面種種有趣內容皆能撰寫成科普讀物以分享讀者，如此才能推廣以及豐富我國的海洋文化，是所至禱。

黑潮雜記

　　西元前300多年左右，古希臘人從地中海啟航，一路穿過直布羅陀海峽進入大西洋，遇到北大西洋東邊邊界流——加那利洋流（Canary Current）後，船隻自然被海流帶著往南跑。當時的地理學家和探險家兼船長皮西亞斯（Pytheas of Massalia）記載下他們碰到一條很寬很寬的大河（希臘文Okeanos，即英文Great River的意思），因此難以向西橫貫過去。當時的人們以爲只有河水會流動，當船隻被海洋拖動著走，只當是碰到了條大河。[1]Okeanos是英文Ocean的字源，太平洋、大西洋、印度洋三大洋靠近陸地邊界都有一支沿著海岸流動的洋流，彼此串連，形成大洋環流，這也是Okeanos（Oceanus）的原意。

　　這條「大河」串起了全球海洋，進而連接了整個世界。它不只是

---

1. 大約在西元前330年左右，一位鮮爲人知的希臘商人名叫皮西亞斯（Pytheas）展開了一次驚人的航行。這趟航行帶他遠離地中海已知的邊界，進入只存在於神話和傳說中的土地。當他返回時，他的航行和他所目睹的奇異事物成爲數個世紀以來的爭論話題。皮西亞斯居住在西希臘的城市馬西利亞（現代的馬賽），馬西利亞位於高盧（現今的法國）南部海岸線上，由於其地理位置相當有利，使得該城市成爲西地中海地區的主要貿易樞紐。皮西亞斯被譽爲一位熟練的航海家、天文學家和水手，他的航行紀錄《關於大洋》（Peri tou Okeanou）描述了一次航往不列顛、北海以及歐洲東北部海岸線的海上旅程，這次航程探索了地中海的錫、琥珀和黃金的供應源。這部作品約於西元前325年用希臘語寫成，或許是最早記錄不列顛群島及其居民的文獻。重要的是，它還包含了皮西亞斯可能到達了冰島和北冰洋的引人入勝的證據。在希臘神話中，冰島和北冰洋這片土地被描述爲被一群名爲超北人（Hyperboreans）的巨人種族所占據。遺憾的是，關於這篇著作以及這次航行的細節並未流傳保存下來。儘管在古代廣爲人知，但現今只能從一些斷簡殘編和其他古典作家的作品節選或改寫中，得以窺見一二。參考來源：https://www.worldhistory.org/article/1078/on-the-ocean-the-famous-voyage-of-pytheas/

海水的流動，實際上更是巨大的輸送帶，許許多多有形的、無形的、有生命的、無生命的事物，全被它帶著周遊各個海域，並透過海水與空氣中的水氣互換，以及食物鏈的複雜網絡，進入到人類的生活。

占地球表面積70%以上的海洋，透過海面與空氣的交互作用，影響氣候變遷。全球20%的熱量被洋流從低緯度送到高緯度海洋；全球暖化產生的熱90%被海洋吸收掉了；空氣中50%的氧氣是海洋上層的浮游植物行光合作用產生，再經由海氣界面進入大氣；44%的人口住在距離海岸150公里以內的區域，深受海洋影響；90%的全球貨物輸送是透過海運的。

從家門口的小河到黑潮、到大洋環流、到氣候變遷，都是海洋影響的範疇，然而，我們對海洋恐怕並不了解，甚至高達95%的海洋水域都尚未被探索。目前為止，地球上僅有少數幾個人曾搭著潛水載具到過超過6,000公尺的深海，且總計時間不過數小時；卻已有12個人踏上了月球，累計待了超過300個小時。相較起來，我們對黑潮的研究實在微渺，遑論對全球海洋的了解了。

海洋科學在臺灣不是受到重視的學科。國際海洋研究的重鎮機構，例如美國非營利伍茲霍爾海洋研究院（Woods Hole Oceanographic Institution）、加州大學聖地牙哥分校史奎普斯海洋研究院（Scripps Institution of Oceanography）、法國海洋發展研究院（IFERMER）、日本行政法人海洋研究開發機構（JAMSTEC）、韓國海洋研究院（KIOST）等，其研究人力與經費顯示，對於各種海洋科學基礎及應用研究，皆受到相當支持，使其能夠長期而扎實地進行各式海洋觀測研究。[2]相對來看，臺灣投注在海洋科學研究的經費與人力資源，的確顯得不足。[3]

2017年聯合國提出「海洋科學永續發展十年計畫」（United Nations

Decade of Ocean Science for Sustainable Development，2021-2030），以「The Science We Need for the Ocean We Want」爲願景，期以海洋科學實現研究、保護、永續使用海洋爲目標。在這10年間，希望整合與動員政府、產官學界、民間社會等不同領域的資源和技術創新，共同規劃、一同交付海洋研究的構想與資源，以了解海洋所受到的威脅與破壞，並尋求拯救之道，讓全人類及所有生物擁有一個乾淨（clean）、健康且具韌性（healthy and resilient）、可預測（predictable）、安全（safe）、能永續收成且具生產力（sustainably harvested and productive）、資料與資訊透明（transparent）的海洋。

在此號召之下，一時間政府各個涉海部會、國際觀敏銳的學者專家，紛紛隨之呼應。的確，臺灣位處黑潮研究與監測、建立西北太平洋海洋觀測網最好的位置，在海洋10年美麗的口號與宏偉的目標下，或許臺灣可藉「全球只有一個海洋」的框架，掌握契機、展現無可取代的黑潮觀測與宏觀的西太平洋海洋研究。多一點行動、少一點口號，讓世界看見臺灣的海洋觀測實力。

20多年來，臺灣的物理海洋學界與美國海軍資助的海洋基礎科學研究計畫，合作相當密切，也展現了許多優異的研究成果。黑潮帶來的啟發，除了滿足我們對大自然的奧妙與韻律的好奇，更重要的是將這些發現轉化成科學模式，改善模擬的準確度，這些可以衍生出許多應用層面，例如做股票的人都想要得到準確的投資預測，做地球科

---

2. 以上單一機構2022年年度運作經費合計約新臺幣80到100億元，研究員、工程師、技術員、行政管理人員大約1,000-2,000人。

3. 臺灣主要涉海機構於2022年投注在海洋科學研究相關的經費規模全部加總起來大約10億臺幣，研究人員、助理、技術員以及學生，總計大約500人，規模很小。

學研究的終極目的，也是希望準確預測，更重要的是準確預報未來地球環境的變化。此外，隨著生物紀錄科學（Bio-logging Science）的發展，愈來愈精微的電子式衛星標識紀錄器得以配置在大洋性魚類身上，解析洄游生態行為特徵，並探究海洋野生動物在黑潮海洋環境中生態習性的三度空間特徵。長期累積下來的生物紀錄資料與研究成果，透過結合海洋環境之資料，正在逐步揭示黑潮流域中的大洋性魚類季節性洄游習性，並有助於進一步探究海洋環境變遷對於大洋性魚類族群分布之影響。

　　本書的完成，希望試著將我們數十年來進行的黑潮研究及各種海上實驗的紀錄與成果，有系統的、有條理的展現出來；並希望透過理解海洋科學、海洋動力，找出一條路徑，讓大眾明瞭海洋對我們生活環境的重要，同時提醒大家，臺灣四面環海、又有全球最重要的洋流之一黑潮經過，在全球地球科學海洋研究這個領域裡，我們是坐在「金山」寶庫之上，應該抱持自信與驕傲，並重視島嶼擁有的獨特機會，珍惜、善用海洋給予我們的一切。

現場直擊
苦流來襲

　　黑潮是遠古人類遷徙移動的重要途徑，深刻地影響海洋生態與氣候，始終跟我們的生活息息相關。2017年初，根據人造衛星遙測海面高度資料以及研究船「海研一號」探測資料顯示，黑潮主軸遠離臺東海岸，東部沿海盡是一片白花花的、淺藍色向南流的沿岸流。這是漁民口中的「苦流」，捕不到魚。

攝影：洪曉敏

2017年春天臺東成功新港鬼頭刀大豐收，漁獲多到得動用俗稱「小山貓」的挖土機一斗一斗地堆上貨車。
（攝影：洪曉敏、詹森）

延繩釣作業釣獲金黃閃亮鬼頭刀（攝影：江偉全）

三仙臺定置網漁場漁獲９公噸鬼頭刀起網作業實景 （攝影：洪曉敏）

　　三、四個月後，各項觀測資料顯示，黑潮主軸又貼回臺灣東岸，隨之而來的是臺東新港海域鬼頭刀大豐收，艘艘滿載鬼頭刀的船在新港卸貨後，還得動用俗稱「小山貓」的挖土機一斗一斗地堆上貨車，隨即漁民又把握漁況出海捕魚。

　　排除人為努力因素，漁獲好壞與洋流變動的關係在世界各地早有觀察，如日本南方發生「黑潮大蛇行」時期，黑潮暖水遠離海岸，改變了漁場。遠離沿近海的漁場，迫使漁民必須冒著險惡外洋的挑戰，至遠處進行撈捕，沿岸沙丁魚漁獲產量亦隨之大減。而臺灣東部海域的漁業資源與黑潮的強弱與左右搖擺，也有關係……

　　臺灣鬼頭刀漁獲量大，以外銷為主，堪稱黃金魚種。若說「鬼頭刀養大很多新港人」，這話一點也不誇張。

　　透過對臺灣東部海域鬼頭刀的季節性移動探索，發現在鬼頭刀盛漁期，若碰到苦流，就沒有好的漁獲，這可能是鬼頭刀棲息在比較深的海域，漁民下鉤淺而達不到；苦流時期黑潮離岸遠，流況環境改變，漁場形成的位置因此也更加捉摸不定。

　　當黑潮震盪，苦流來時，漁場的漁況不佳，導致漁民不敷成本。進行漁撈作業需要人力及餌料等費用，若不作業，漁工閒著還是得付工資，餌料冰藏及活餌費用也不能少，兩頭燒。作業與不作業都是兩難。

　　由於苦流的持續性通常不會太久，除了部分漁船綁港之外，大多漁民還是選擇出海作業，以較少的作業成本，維持最低開銷。臺東的漁船以沿近海作業的

鬼頭刀延繩釣利用虱目魚當做活餌 (攝影：江偉全)

動力膠筏或是動力漁船（CT1及CT2）為主，作業海域從臺灣東岸至東經122°以內的範圍，過了東經122°以東，必須跨越黑潮。遠方海域已沒有黑潮的強勁北向流，但通常風強浪大，僅有續航力較強、大型等級的漁船（CT2及CT3）會在此作業。作業結束後，必須再次跨越黑潮回到東岸，即便是大型漁船，出海一趟所耗費的時間與經費都會高出許多，而作業風險也更大。

關於黑潮與魚群的關係和「推測」，需要整合海洋相關領域，進一步探究解密。

註：動力漁船等級：CT0：5噸以下；CT1：5噸以上未滿10噸；CT2：10噸以上未滿20噸；CT3：20噸以上未滿50噸；CT4：50噸以上未滿100噸；CT5：100噸以上未滿200噸；CT6：200噸以上未滿500噸；CT7：500噸以上未滿1000噸；CT8：1000噸以上。

PART Ⅰ

PART I

暗黑主宰者

大洋環流紛紜紊亂，充滿大大小小的渦旋，但其實亂中有序，
例如南北半球各大洋裡的循環流動，
在北半球是順時針轉向流動，南半球則相反；
而南北半球沿著每個大洋的西邊邊界，都有一支顯著的海流，
由低緯度熱帶海域分別向南及向北流動……

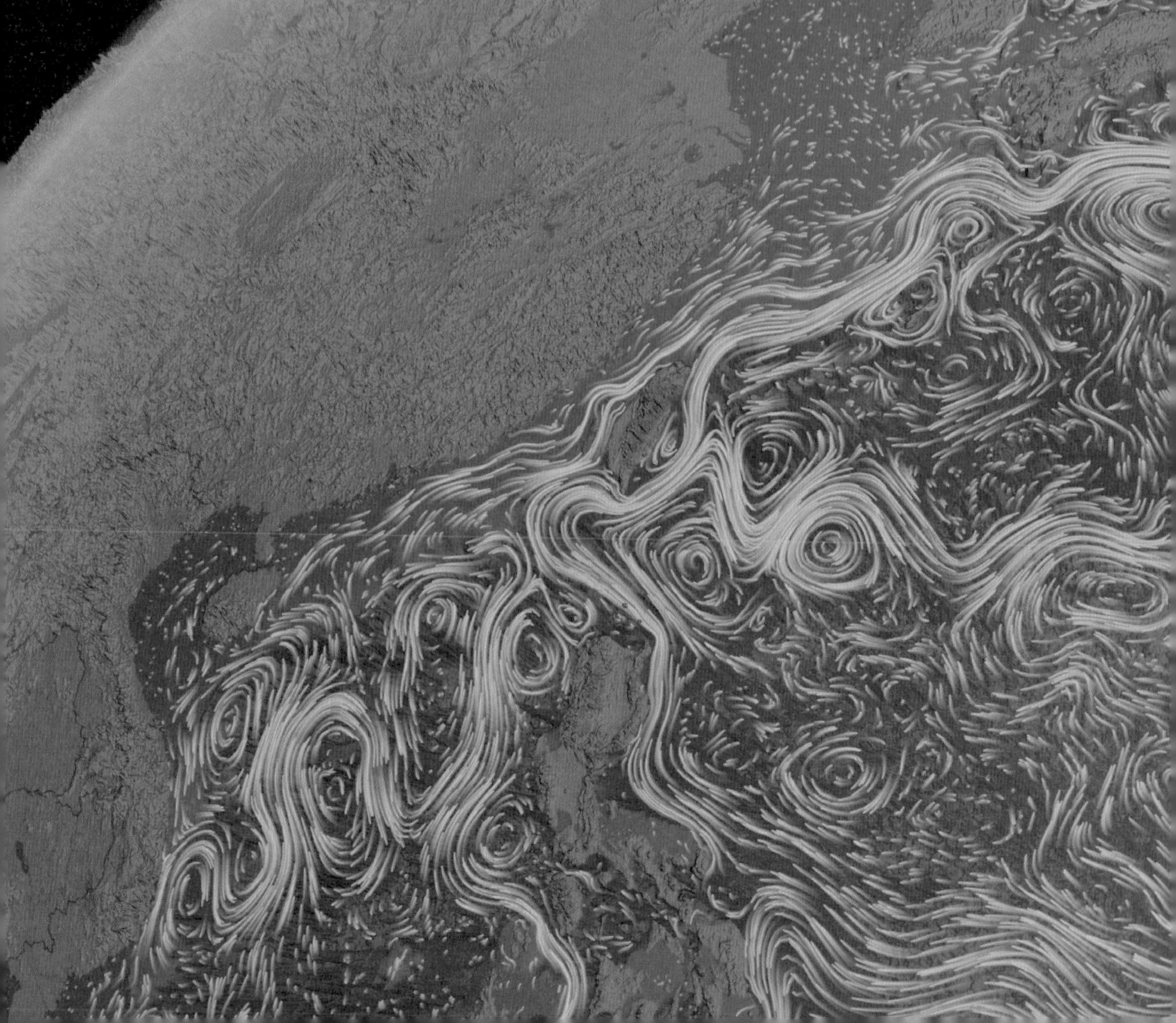

從太空視角看黑潮及其周邊渦流。整個看來，西太平洋環流除了恆常流動的海流，也到處充斥著大小渦旋。圖片來源：©NASA Goddard Space Flight Center, CC BY 2.0 via Wikimedia Commons

CHAPTER 01
黑潮是什麼？

　　有一道靠近東亞大陸邊界的強勁海流，起源於菲律賓東方，一路由南往北，橫過呂宋海峽，貼著臺灣東岸及東海大陸棚緣流，從吐噶喇海峽（Tokara Strait）進到日本南方，而後離開島嶼陸地邊緣，進入北太平洋中緯度海域。**它是黑潮**（Kuroshio）。

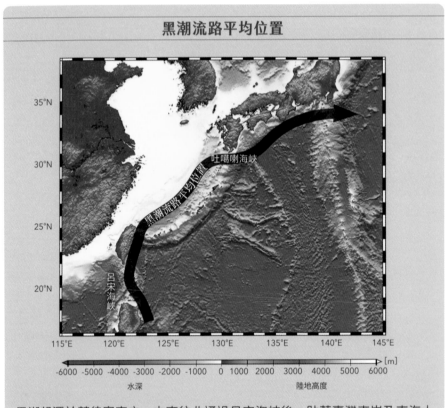

黑潮起源於菲律賓東方，由南往北通過呂宋海峽後，貼著臺灣東岸及東海大陸棚緣流，從吐噶喇海峽（Tokara Strait）進到日本南方，而後離開島嶼陸地邊緣，進入北太平洋中緯度海域。（繪製：詹森）

義大利麵圖（Spaghetti diagram）中的黑潮

海洋浮標漂流軌跡看起來很像義大利麵，所以俗稱義大利麵圖。由浮標軌跡和漂流速度來看，可見到沿著北緯10°到15°附近由東向西的北赤道洋流，碰到菲律賓時，分為南北兩支，往南流者為民答那峨海流（Mindanao Current），往北者即為黑潮的起源。黑潮由此開始一路成長，直到脫離日本東南沿岸。黑潮就像輸送帶，以每天跑80多公里的速度，把大量的海水、熱量、鹽分、懸浮物質等由低緯度送到中緯度海洋，影響沿途各地天氣、氣候、生態、漁獲等。

圖上漂流速度由慢到快以綠–黃–紅色表示，顏色愈紅，表示速度愈快。（繪製：郭天俠）

「黑潮」這名稱大約是18世紀末時日本人所取的，原因就是這支海流的顏色看起來近乎黑色。由於北赤道洋流上層海水裡的懸浮物質一路沉降、同時被生物利用消耗掉等緣故，到成為黑潮之後，表層水比較乾淨，加上沿途大多經過深度超過2,000～3,000公尺的深海，所以黑潮水的顏色看起來偏黑。實際航行在黑潮上所看到的黑潮水是藍到不行的湛藍。

臺灣四面環海，我們的生活離不開海洋。海水會流動，水溫有冷熱、鹽分有鹹淡，海裡除了有魚、有生物，還夾雜形形色色、大大小小的各種物質，洋流就像輸送帶一樣，帶著這些伙伴們周遊各大海洋，為人類帶來豐富資源，也深深地介入我們食、衣、住、行、育、樂、政、經等日常生活中。

黑潮挾帶大量的海水、熱量、鹽分、懸浮物質到中緯度海洋，主宰沿途的海域環境、漁業資源、天氣及氣候等，對於臺灣附近的海洋生態和颱風強度變化，以及東北亞地區的氣候，造成深刻影響。此外，在全球的熱平衡以及水量南北交換、甚至氣候變遷上，黑潮都扮演著舉足輕重的角色。

雖然黑潮就在我們身旁，但一般民眾對海流的觀念多半很模糊。若涉獵知識稍微廣泛一點，或許聽過「黑潮」、「親潮」、「灣流」等；然而提到「大洋環流」、「西方邊界流」等比較專業的名詞，恐怕就如置身五里霧中了。

許多人對海洋的印象總與「海鮮」、「郵輪旅遊」、「潛水」、「珊瑚」等劃上等號；事實上，不僅是海鮮，其他包括戰爭、文明、全球氣候變遷、海運等，都直接地受到海洋影響。我們是從海洋裡孕育出來的生命，生活在臺灣，若要說與我們最親近的洋流，非黑潮莫屬。

黑潮是北太平洋**副熱帶環流**（Subtropical Gyre）的西方邊界流，這個海洋環流系統位於大氣副熱帶高壓區域之下，介於西風帶與信風帶

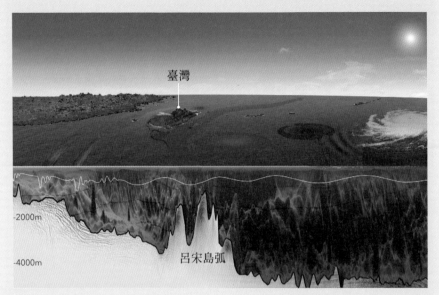

黑潮（Kuroshio）立體流路

臺灣

-2000m

-4000m

呂宋島弧

黑潮從呂宋海峽一路流往日本南方，沿途經常受到海洋裡向西行進的中尺度渦旋（順、逆時針旋轉的都有）、海洋內波、東亞季風和颱風的干擾，以致有多種變化。（製圖：詹森）

之間，是一個順時針方向旋轉的海流系統，位置大約在北緯10°到40°之間，環流的中心偏在北太平洋的西邊。在北緯10°到15°之間，海流速度愈往西邊愈強，到了西邊邊界轉向北流，形成「**西方邊界流**」，即黑潮。環流的流速在太平洋東西兩側不對稱，西邊流強、流幅又窄又深，東邊流弱、流幅寬但淺。

黑潮將熱帶海洋溫暖的海水向中、高緯度輸送，對全球海洋與大氣的熱平衡與氣候變遷產生深遠的影響；此外，它更與其流經海域的當地水團混合，加上受到水深驟變的地形影響，不斷產生調整，對於區域流場及溫鹽場分布，甚為重要。

CHAPTER 02

解密：
洋流的形成、西方邊界流
以及黑潮的推手

　　流體流動具有連續性。當北半球大洋海水從北往南流，抵達南邊赤道界限前，統統要轉向往西跑，且還得愈跑愈快，否則會造成抽腿不及的現象，造成南下的**史沃卓普通量**[1]擠不進來而塞車，這現象叫「**西行強化**」（westward intensification），也是造成強勁西方邊界流的原因，最早是由亨利‧梅爾遜‧斯托梅爾（Henry Stommel）在 1948 年所發表的一篇論文所揭示。

　　沿著低緯度向西流的海水到西方邊界流回北方時，其體積跟從大洋中部緩慢南下接近赤道邊界的海水體積量一樣，但是環境只容許他們在最多百來公里的橫寬範圍內，沿著西邊界流回去，免得壞了大洋內部絕大部分水體往南遷移的美妙平衡。這些回頭水，被逼著爭先恐後地加快腳程，回到北方中緯度海域，形成順時針旋轉的環流，這就是為什麼像黑潮這般的西方邊界海流又窄又急的原因。

　　南北半球各大洋的西方邊界強流，比如南太平洋的東澳洋流（East

1.　詳見本章第37頁

大洋環流之西行強化現象

尋求大洋環流理論的過程中，亨利·梅爾遜·斯托梅爾（Henry Stommel）提出地球旋轉效應在球面上會隨著緯度增加，造成西行強化現象，以及強勁的西方邊界流。這是理論推導的歷程中很重要的一個里程碑。

下圖中的**位渦度**（Potential vorticity）：海水運動的位渦度是由海流的相對渦度（Relative vorticity）加流動所在緯度的地球自轉渦度（Planetary vorticity，也稱行星渦度），除以流動水層的厚度所得，即（相對渦度＋地球自轉渦度）÷（水層厚度）。海流具有的位渦度通常是個守恆量，因此位渦度常被用來研究海流變動的動力機制。例如一支由南往北的海流，若其厚度保持一定，在往北過程中地球自轉渦度隨之增加，那麼相對渦度必須要變小以維持位渦度守恆，海流即要使自己左邊流速加快、右邊減速以產生負的相對渦度來抵消增加的地球自轉渦度。(製圖：詹森)

洋流要繼續往北行才能使多出來的順時針相對渦度跟地球自轉渦度隨著緯度變大的增加量抵消，使得位渦度維持定值。

回頭流向右轉產生順時針**相對渦度**

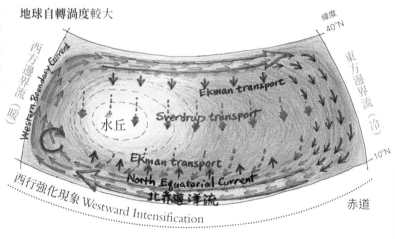

註：渦度有方向性及正負號，順時針旋轉的被定為負渦度，反之為正渦度。

Australian Current）、北大西洋灣流（Gulf Stream）、南大西洋巴西洋流（Brazil Current）、印度洋阿古拉斯洋流（Agulhas Current）等，都是循著這個複雜的動力機制形成的，差別只在科氏力作用方向南北半球相反，在南半球大洋環流是反時針旋轉的。

洋流的形成──風旋度、地球旋轉渦度

　　要徹底了解「西方邊界流」，必須試著回到一個最根本的問題，海水為什麼要流動？怎麼流動的？是誰在推著海水流動？

　　雖說水往低處流，但大海看起來一片平坦，憑藉什麼力量決定哪兒的水要往哪邊流呢？還好牛頓在 17 世紀時悟出了萬物運動的道理[2]：當一個力 F 推在一個質量 m 的物體上，這物體將以加速度 a 朝作用力的方向移動，也就是 ma＝F（探討海水運動的控制方程式習慣把加速度 a 歸在等號左邊，力 F 擺在右邊，不是大家習慣看到的 F＝ma）。所以海水流動形成洋流，背後一定有「推手」。

　　風在海面上經年累月地吹拂，就是推手之一；**重力**是推手；**地球跟月球的萬有引力以及互相繞轉的離心力**相合起來也是推手；連**地球**

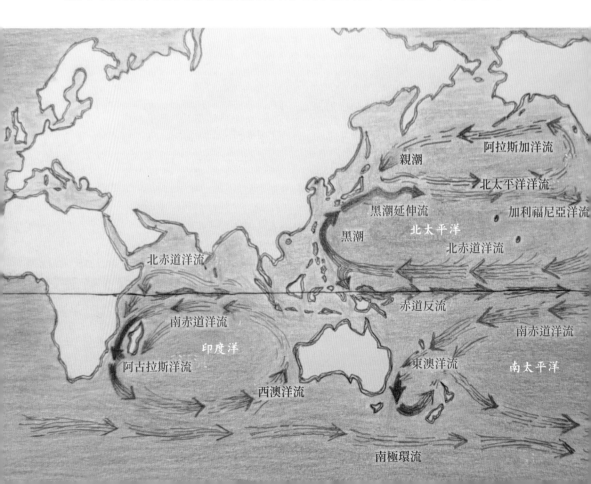

自轉都要來參一腳，拉扯這些推手。這麼多的「手」彼此推來推去，便形成我們觀察得到的洋流、渦旋、潮流、深海密度流等等。那麼，黑潮究竟是怎麼形成的呢？

　　海洋上層大約400公尺厚的海水在南北半球各大洋裡循環流動，北半球順時針、南半球逆時針流動，這種恆常的大範圍循環流稱為「**大洋環流**」或前面講的「**副熱帶環流**」。大洋環流在靠近西邊與陸地的邊界時，會形成一支強流，在北太平洋西邊就是「**黑潮**」，由菲律賓東邊開始向北流，以平均時速大約3.6–5.4公里（或每秒1–1.5公尺、2–3節[3]速度）橫過呂宋海峽，沿著臺灣東岸北上到東北海域右轉，沿著東海大陸棚邊緣流，穿過吐噶喇海峽到日本東南方為止。以我們日常生活經驗來說，時速5公里或許很慢，但對所有海流來說已經稱得上高速了。

拉不拉多洋流

北大西洋洋流

加那利洋流

灣流

北大西洋

北赤道洋流

南赤道洋流

巴西洋流

南大西洋

本古拉洋流

祕魯洋流

南北緯60度之間
全球大洋上層海洋環流圖

此圖顯示的各大洋環流是從歷史海流觀測資料中歸納而出。北半球大洋環流以順時針方向環繞，南半球以逆時針方向環繞，印度洋洋面大部分在南半球，所以以南半球逆時針環流形態為主。（製圖：詹森）

2　Isaac Newton（艾薩克・牛頓），《*Philosophiæ Naturalis Principia Mathe-matica*》（自然哲學的數學原理），1687。

3　船的速度一般常以「節（Knot）」來表示，一節等於每小時行走一浬的速度，而一浬等於1,852公尺，也就是說「一節」約等於每秒0.5144公尺、每小時1.852公里的速度。

看不見的推手——艾克曼螺旋與艾克曼輸送

　　黑潮所屬大洋環流的推手及其形成，相當神奇而又複雜。假設大氣裡的風速、風向與風場推動出來的海流流速與流向，不會再隨著時間有所變動了[4]，地球表面上經年累月的風場在低緯度赤道附近吹東風（Trades），南北緯40°附近吹西風（Westerlies），這兩股**恆常風**在空氣跟海水接觸的界面上給了推動海水的力F。一般的印象是風往哪兒吹、就把海水往哪兒拖動，產生加速度a；但這裡比較奇妙的是當海水開始流動時，地球旋轉提供了另一個力介入ma=F，橫推了流動的海水一把，讓海流轉彎，這股力叫做**科氏力**（Coriolis force）。科氏力作用了1、2天後，北半球面上的**風吹流**（wind driven current）竟然朝風去向的右邊偏45°方向跑，南半球則是朝左45°偏。

　　這個現象是由19世紀末挪威人南森（Fridtjof Wedel-Jarlsberg Nansen）所發現，他在北極海觀測到海流與冰山漂移方向跟風向不一致。在挪威做研究的瑞典籍學者艾克曼（Vagn Walfrid Ekman）於20世紀初1902年的博士論文裡，以旋轉流體力學理論解答出背後的動力原因。更神奇的是，**風吹流**因為海水的摩擦力從表層愈往下，偏離風向的角度愈大、流速愈小，造成海流向量由表層向下形成如螺旋梯般的立體結構，也就是「艾克曼螺旋（Ekman spiral）」；而在整層螺旋梯水流結構裡，海水的淨輸送量——**艾克曼通量**（Ekman transport）[5]——居然是垂直風的去向，在北半球朝右、南半球朝左。看來我們的直線思維在這邊要隨著北或南半球向右或向左轉彎了。

4　英文steady state的意思，即物理量不隨時間改變，對時間的微分為0。將時間變化項保留在運動方程式裡，會讓方程式在數學上變得很難分析。在做研究時將時間變化項拿掉，用風場或海流的時序觀測資料做一個時間平均，探討造成平均場背後的動力，這樣可以不失動力分析背後的精髓，又變得較簡單。

5　通量（Flux），是指單位時間內，通過單位面積的物理向量，如粒子數、流體量、電磁能等。

艾克曼螺旋（Ekman spiral）流速結構

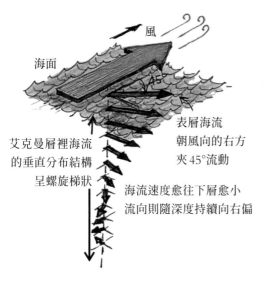

風

海面

艾克曼層裡海流
的垂直分布結構
呈螺旋梯狀

表層海流
朝風向的右方
夾45°流動

海流速度愈往下層愈小
流向則隨深度持續向右偏

艾克曼通量（Ekman transport）與風向之間的夾角關係

艾克曼層裡海水通量
向風向的右方夾9o°

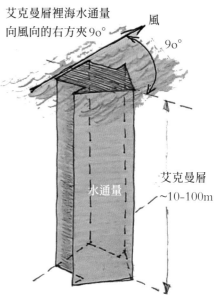

風

9o°

水通量

艾克曼層
~10-100m

海面上吹風造成的海流垂直分布，理論上由上而下流速逐漸變小，流向由表層與風向夾45°向右，每向下一層即再向右偏一點，愈往下層跟海面風去向之間的夾角愈大，流速結構從外觀看起來像似每一階寬度向下逐漸縮減的螺旋梯，因此叫做艾克曼螺旋（Ekman spiral）。（製圖：詹森）

把艾克曼層（Ekman layer）裡的水平流速在垂直方向分層，再把流速乘以每層厚度並由層底向上累加到海表面，得到在每單位時間、每單位寬度的海水通量，叫做艾克曼通量（Ekman transport），北半球朝風去向的右方、南半球朝左垂直風去向。艾克曼通量是沿岸風製造出近岸湧升流或下沉流的重要動力過程，在大洋環流的產生機制裡扮演很重要的角色。（製圖：詹森）

艾克曼層（Ekman layer）

當艾克曼螺旋的海流速度向下減小到表層海流速度的 e^{-1}（即自然數的 -1 次方，約 36.79% 的表層流速），從這個深度向上到海面的水層叫做艾克曼層（Ekman layer）。理論上可以用以下公式計算：

厚度 $= \sqrt{2 \times (\text{海水垂直黏滯係數 K}) \div |(\text{地球旋轉科氏參數 } f)|}$

上式 K 跟海水物理性質及紊流有關，$f = 2 \times$ 地球旋轉角速度 $\times \sin$（緯度）。一般海洋的 K 大約為 $0.1 \ \mathrm{m^2/s}$，在緯度 $30°$ 的海洋 $f = 7.27 \times 10^{-5} \ \mathrm{1/s}$，套用以上公式可以算出艾克曼層厚度為 $27.5\mathrm{m}$。實際上海洋會因海水密度分層的差異、水中紊流強弱的不同、背景海流的作用等，造成艾克曼層厚度跟理論值有所差別。

北極海探險發現艾克曼螺旋

1893到1896年間，南森用研究船「前進」（Fram）探索北極海（Fram expedition）。探索的過程中，他在船上發現浮冰漂移的方向竟然是往恆常風風向的右邊偏斜20°到40°。南森回到挪威後問了他的同事威廉·皮耶克尼斯（Vilhelm Bjerknes），並找來研究生艾克曼（Vagn Walfrid Ekman）一起研究這個現象。艾克曼隨後在1902年發表的博士論文裡解答了此現象背後的物理過程。他假設海水密度均勻，黏滯係數是常數，風在海面上吹，動量在地球旋轉科氏力、水壓梯度力、摩擦力這三項之間平衡，解出動量平衡方程式的解，得到速度u、v跟風應力大小及邊界層的厚度的關係式，速度場有隨著深度以指數衰減、同時又有週期變化的特性，最表層的海流向風去向的右方45°，往下一層流速減小，流向偏離風向的角度再增加，形成上面講的艾克曼螺旋結構。

艾克曼
（Vagn Walfrid Ekman,
1874-1954）

艾克曼在20世紀初導出海洋上層因吹風製造出艾克曼層的理論。這也是後來解釋近岸風驅動湧升流、赤道湧升流、大洋環流的重要理論之一。

（圖片來源：©via Wikimedia Commons）

1895年3月14日南森（Fridtjof Wedel-Jarlsberg Nansen）（左二）即將帶隊「前進」帆船出發往北極中心點。(圖片來源：©via Wikimedia Commons)

因此，北半球上層海水在東風和西風帶的風力作用下，分別產生低緯度海域向北、中緯度海域向南的海水艾克曼通量向中間匯集，大洋中間水位因而堆高隆起。這個中間高、四周低的海面高低差造出一個「水往低處流」的「水丘」環境，由水丘中心向四周流動的海水又一直被地球旋轉的科氏力向其右方推，最終形成龐大的**順時針旋轉環流系統**。

　　這邊需要注意的是，這個跨洋龐大的環流是在**球面**上流動，而地球自轉給這球面上流動海水的**科氏力**由赤道海域向南北兩極愈來愈大，所以在北半球一支由南向北的海流受的科氏力**愈來愈大**，反之則愈來愈小。

　　大洋上低緯度東風（信風帶）、中緯度西風帶的風場結構同時也在海面上如史沃卓普通量圖中間加了一個**順時針方向旋轉**的風力。以專業

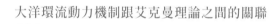

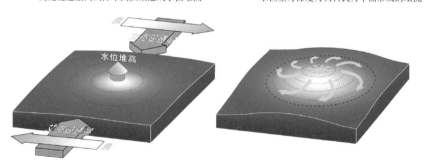

（左）北半球低到中緯度海域上層海水在東風和西風帶的風力作用下，分別產生低緯度海域向北、中緯度海域向南的艾克曼通量，向大洋中間匯集，水位因而堆高隆起。
（右）這個中間高、四周低的海面高低差造出來一個「水往低處流」的「水丘」環境，由水丘中心向四周流動的海水又一直被地球旋轉的科氏力向其右方推，最終形成龐大的順時針環流系統。（製圖：詹森）

術語來說，就是「同方向風」（東－西向）在「橫風方向」（南－北向）大小的差異產生了「旋度」（一個衡量風在平面上打轉強弱的數值）。除了製造出先前講的水丘，也造成艾克曼輸送量由水丘四周向中心愈來愈小。

在海水幾乎不可壓縮下，水流量在一個固定體積的盒子裡，一定要遵守進來多少就出去多少的自然法則（體積守恆）。進來的水如果向上堆高，會發現堆到一定高度，推力跟重力平衡後，就會堆不上去了；此時，就要在水丘表層水裡製造出下沉流，把後到的、再也堆不上去的水，向下送，這個垂直向下的作用（流），叫做「艾克曼幫浦」（Ekman pumping）。

下沉流的速度非常緩慢，一年只能向下沉降30公尺，但是對於在地球自轉下球面上的大尺度海水運動來說，卻是個非常重要的過程；它的作用就好比把一個龐大的旋轉水柱壓扁、面積變胖，結果是旋轉速度跟著變慢了，跟花式溜冰選手在原地打轉時若要減速的話，會把手腳張開、擴大自己旋轉面積的道理一樣。

龐大的旋轉水柱轉速慢了，在地轉環境下必須向南移動到地球球面上旋轉效應（科氏力）比較小的低緯度區，使自己跟周遭環境的旋轉度一樣，這套過程背後的理論發表在挪威海洋學家及氣象學家史沃卓普（Harald Ulrik Sverdrup）1947年的期刊論文裡，緩慢向南的海水通量叫做史沃卓普通量（Sverdrup transport）。

史沃卓普
（挪威海洋學家及氣象學家。

Harald Ulrik Sverdrup,
1888–1957）

1947年，史沃卓普用簡單、概念式的理論，把大洋環流背後的動力精髓解析出來。

（圖片來源：© By Alvin portal, via Wikimedia Commons）

史沃卓普通量（Sverdrup transport）

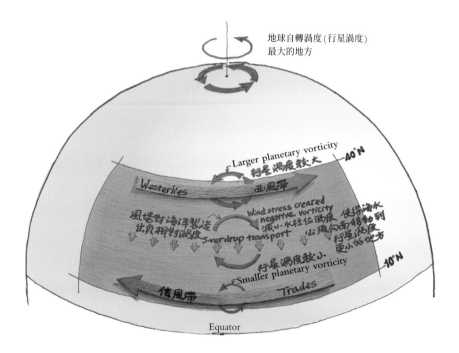

海洋上低緯度吹由東而西的信風，中緯度吹西風，在這風場之間是順時針走向（反氣旋）的風應力旋度經由空氣與海水的界面施加在海面，進而製造出向南移的史沃卓普通量（Sverdrup transport），推著海水南牽到地球自轉渦度（亦即行星渦度）比較小的海域。

渦度是指大氣（氣塊）或海洋（水體）旋轉的程度，造成流體旋轉的機制又可分成兩個部分，一是地球自轉時的地球自轉渦度，又稱行星渦度，另一個是由流速在空間上的差異所造成的。其中行星渦度是用來表示地球球面上地球旋轉效應大小的一個物理向量。

在任一緯度位置，行星渦度的向量都垂直該緯度的近似平面。行星渦度在南北極之向量方向就是地球自轉的軸向，大小為 2 倍地轉角頻率，即 2Ω，其他地方則隨緯度變化，關係為 $2\Omega\sin\phi$，ϕ 是緯度。由此也可知行星渦度在赤道的地平面上為 0，隨著緯度增加而上升，到南、北極最大。（製圖：詹森）

以上所說都是形成大洋環流背後的動力機制，的確非常複雜。總的來說，最重要的有兩點，一、海表恆常風的水平分布能不能形成「風旋度」，這是關鍵，跟風力本身大小無關。二、地球自轉渦度（行星渦度）在球面上會隨著緯度改變，如果球面上地球自轉渦度是個定值，那就不會產生我們所看到的大洋環流。所以，以北太平洋為例，前者順時方向的風旋度產生艾克曼下壓，在水丘中間形成下沉流；後者迫使水

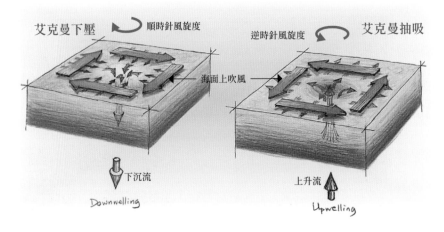

艾克曼通量匯集與發散造成的下沉流與上升流

（左）北半球順時針旋轉風的艾克曼通量由四周向中間集中，在中間部分向下擠壓形成下沉流。

（右）反之，逆時針旋轉風造成的艾克曼通量由中間向外發散，下層水上來補充，中間部分形成上升流。

一樣的動力機制，海岸在右手邊的沿岸風，在近岸海域形成向岸艾克曼通量製造出下沉流，海岸在左手邊的沿岸風則形成離岸艾克曼通量製造出上升流。在下沉流的海域，通常表水溫度比四周高，在上升流的海域，因為比較冷的下層海水被帶上來到上層，所以表水溫度比四周低。（製圖：詹森）

丘必須以史沃卓普通量對應的速度，向南遷徙到地球旋轉渦度比較小的環境（如史沃卓普通量圖）。

西方邊界流：下沉流向南移動到低緯度，爲何又北上？

向南緩慢移動的龐大水量找到自己喜歡的旋轉環境之後，要再繼續往赤道靠近時就打住了（赤道球面上的地球旋轉效應是0）。但是體積守恆再次提醒我們，水流動不能說停就停，然而北方下來的水一直要往南擠，怎麼辦？

這種情況下，先跑到南邊界限的海水，因此被迫要沿著大洋西方邊界一條窄窄的區域流回北方，一方面把南方的位子讓出給後到的海水，另一方面也回到中緯度區塡補向南跑走的海水。除非大的恆常風場停了，否則這奇幻的過程會一再上演，生生不息、永不間斷，形成大洋裡中緯度到低緯度區間的「大洋環流」。

這說明南移的水體抵達南邊赤道界限前，統統要轉向往西跑，且還得愈跑愈快，否則會抽腿不及，造成南下的史沃卓普通量擠不進來而塞車。

如本章第一段所說，向西流的水到西方邊界時，會沿著狹窄的西邊界急速地往北流，才能保持整個水體流動的連續性及體積守恆。

亨利・梅爾遜・斯托梅爾
（Henry Stommel,
1920–1992）

斯托梅爾是知名物理海洋學家，他成功地解釋了形成西方邊界強流，如黑潮、灣流背後的動力機制。

（圖片來源：© by Vicky Cullen, via Wikimedia Commons）

古籍裡的海洋學與黑潮痕跡

關於黑潮的描述，在明朝、清朝的古籍文字當中，似乎不多；但 300 多年前 17 世紀的海圖、東亞地圖、世界地圖等，卻可以找到蛛絲馬跡。一張可能在明朝末年繪製的地圖與海圖「Selden Map」裡，似乎藏了黑潮強流的蹤跡。

追溯塞登海圖——Selden Map（1695 年）

一切要從英國牛津大學博德利圖書館收藏的一張 17 世紀東亞地圖講起。[6]

根據博德利圖書館網頁上的解說，這份地圖是什麼時候畫的、誰畫的已不可考，但從圖上的中文地名、航線等線索判斷，可能是在 17 世紀初，即明朝晚期某個富商掛在家裡參考用的，不像用於實際航海；可能也是最早由古代中國傳到歐洲的地圖之一。

近年，中央研究院臺灣史研究所陳宗仁教授對這幅地圖的可能來源、圖風、透露的地理資訊等有非常精闢的考證與分析。[7]據陳宗仁說，地圖本身沒有圖名，西方學界稱之為「Selden Map」，在中文學界則稱此圖為「東西洋航海圖」。陳教授認為圖可能是海外的福建人參考、整理及拼接已經存在的地圖所繪製出來的。這張古地圖的重要性不僅止於在當時宣告中國的版圖，也擴及整個東亞和南亞。雖然大小比例、位置不太準確，但是重要的地理資訊大致都有。

---

6. 參考來源：https://seldenmap.bodleian.ox.ac.uk/
7. 見 http://mingching.sinica.edu.tw/cn/Academic_Detail/889

17世紀塞登海圖—Selden Map

英國牛津大學博德利（Bodleian）圖書館收藏了一張17世紀的東亞地圖，提供現代人一個難能可貴的機會了解古人眼裡的東亞地理、海岸、海洋現象等。這張地圖是1695年從倫敦一位律師約翰‧塞登（John Selden）的財產中發現的，後來被稱為「Selden Map」。據推測，這張手繪地圖是某個東印度公司的商人在當時無法可管的南海帶回英國的，取得來源可能是歐洲人、日本人抑或中國人的船上。（圖片來源：https://seldenmap.bodleian.ox.ac.uk/）

此外，這可能是最早期與東西方貿易相關的地圖上有指北針跟標示距離的地圖。海上航線大致從福建泉州港輻散出去，地圖上方有指北針標示方位，也有尺標，雖然不清楚比例尺是多少，但同時期西方世界似乎沒有同樣製作技術與相似風格的地圖。

若將重點回到圖上跟海洋有關的訊息，現今臺灣跟菲律賓的東邊都叫東海，在呂宋海峽南邊呂宋島的北方寫了兩排字，「此門流水東甚緊」，再往北到琉球北方島嶼之間也有「野故門流水東甚緊」。照陳宗仁的分析，「緊」是閩南語「快」的發音，所以很有可能是這些地方向東流的海流速度很快。以我們現在對這些海域海流的了解，圖上的資訊雖不完整，卻可明確顯示出這兩個跟黑潮相關的海域流很強。

到了18世紀，清朝廣州府知府藍鼎元（1680-1733）《論南洋事宜書》記載：

放大看的塞登海圖——Selden Map
圖上註記「野故門流水東甚緊」、「此門流水東甚緊」相當有意思，從相對地理位置判斷應該跟黑潮有關。（資料來源：本圖取自 https://seldenmap. bodleian.ox.ac.uk/ ，由 Selden Map 再製，製圖：詹森）

「海外諸番，星羅碁布，朝鮮附近神京，守禮法。東方之國，日本最為強大。其外則為尾閭，無他番。稍降則為琉球大小島嶼，斷續二千里，外皆萬水朝東，亦無他國。」

文字中跟當時朝鮮、日本與琉球相關的意涵應該不難懂，「尾閭」是指海水歸聚的地方，而其中「萬水朝東」可能是個跟黑潮相關的詞。令人費解的是與17世紀塞登海圖上寫的「此門流水東甚緊」關聯起來的話，都是指朝東流的海水很強、量很大，不像我們現今所知道的東海黑潮流向大致為北到東北向。

黑潮從臺灣以北到日本九州之間，最大流速軸的位置大約沿著東海大陸棚邊緣流過吐噶喇海峽，這條流軸離東邊的琉球島鏈大約120浬，根本難以碰到島邊。也許是某個島嶼與島嶼間的水流朝東；也有可能是古代航海經過日本西南方吐噶喇海峽向東行，船員經歷日本南方黑潮向東流的印象；或可能是古人對流向、距離、範圍的概念及敍述比較含糊，還不能比較客觀地形容。無論如何，黑潮是從呂宋島以東經過呂宋海峽，沿著臺灣東岸、東海大陸棚邊緣及琉球島弧西側到日本九州南方，在海上最顯著、最重要的海流，照理說，不太可能跳過這支強流不記載，而只記琉球一系列島嶼外圍、可能是潮來潮往的流。因此，「萬水朝東」在這些海域，可能是勉強最接近「黑潮」的形容了。

《裨海紀遊》解密黑水溝──黑潮支流的影子（1697年）

二十二日，平旦，渡黑水溝。台灣海道，惟黑水溝最險。自北流南，不知源出何所。海水正碧，溝水獨黑如墨，勢又稍窳，故謂之溝。廣約百里，湍流迅駛，時覺腥穢襲人。又有紅黑間道蛇及兩頭蛇繞船游泳，舟師以楮鏹投之，屏息惴惴，懼或順流而南，不知所之耳。紅水溝不甚險，人頗洩視之。然二溝俱在大洋中，風濤鼓蕩，而與綠水終古不淆，理亦難明。渡溝良

久，聞鉦鼓作於舷間，舟師來告：『望見澎湖矣』。余登鷁尾高
處憑眺，祇覺天際微雲，一抹如線，徘徊四顧，天水欲連；一
舟蕩漾，若纖埃在明鏡中。賦詩曰：『浩蕩孤帆入杳冥，碧空
無際漾浮萍；風翻駭浪千山白，水接遙天一線青；回首中原飛
野馬，揚舷萬里指晨星；扶搖乍徙非難事，莫訝莊生語不經』。
頃之，視一抹如線者，漸廣漸近矣。午刻，至澎湖之馬祖澳；
相去僅十許丈，以風不順，帆數輾轉不得入澳。比入，已暮。

二十四日，晨起，視海水自深碧轉為淡黑，回望澎湖諸島猶隱
隱可見，頃之，漸沒入煙雲之外，前望台灣諸山已在隱現間；
更進，水變為淡藍，轉而為白，而台郡山巒畢陳目前矣。迎岸
皆淺沙，沙間多漁舍，時有小艇往來不絕。望鹿耳門，是兩岸
沙角環合處；門廣里許，視之無甚奇險，門內轉大。有鎮道海
防盤詰出入，舟人下椗候驗。久之，風大作，鼓浪如潮，蓋自
渡洋以來所未見。念大洋中不知更作何狀，頗為同行未至諸舶
危之。既驗，又迂回二三十里，至安平城下，複橫渡至赤嵌城，
日已晡矣。蓋鹿耳門內浩瀚之勢，不異大海；其下實皆淺沙，
若深水可行舟處，不過一線，而又左右盤曲，非素熟水道者，
不敢輕入，所以稱險。不然，既入鹿耳，斜指東北，不過十里
已達赤嵌，何必迂回乃爾？會風惡，仍留宿舟中。

——郁永河《裨海紀遊》，1697 年

　　東亞古代文獻當中，與海洋有關的敘述以及與現代海洋知識之
間存在的關聯，十分有趣，尤其是臺灣海峽洋流、臺灣東部黑潮
的部分。例如呂宋海峽裡、琉球群島之間的「萬水朝東」；臺灣海
峽裡的「紅水溝」與「黑水溝」；臺灣北部海域「弱水」等詞，都
是古人對海洋現象的描述。

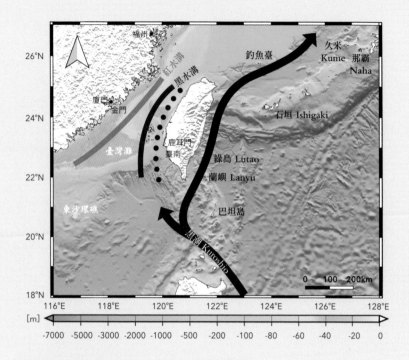

17世紀末臺灣海峽「紅水溝」與「黑水溝」
清康熙年間郁永河在《裨海紀遊》裡所描述的「紅水溝」與「黑水溝」所在位置。(製圖:詹森)

　　中國從明朝以來的文獻,即有描寫從福建沿海橫渡臺灣海峽、經過澎湖群島來到臺灣的過程。當時民間傳說:「唐山過臺灣,十去六死三留一回」,講的是先民渡海來臺,途中常遭遇狂風大浪、湍急海流,導致船隻翻覆,而不幸葬身海洋。古人眼裡的臺灣海峽是海況險惡多變,難以預料的。

　　1697年(清康熙36年),時任福建知府同知王仲千麾下幕賓的郁永河奉命來臺灣採硫,回福建後寫了《裨海紀遊》這本書。[8]書裡記載,2月21日(農曆,對應西曆1697年3月13日,時值春初,東北

8.　原文可見 https://ctext.org/zh

季風減弱之時）郁永河跟著師爺王雲森從廈門搭帆船出發。書上說，當時風弱，船先橫過「紅水溝」，「紅水溝不甚險」，大概是因為碰到小潮期，潮流不強，加上又幾乎風平浪靜，因此「不甚險」。

　　隔天22日，續往東航行橫渡「黑水溝」，中午時分已接近澎湖馬祖澳（現今馬公）了。但因風向不順、船還靠不了港。直到23日早上，眾人才搭舢舨上岸。書中道：「臺灣水道，惟黑水溝最險。自北流南，不知源出何所」，推論是指澎湖西邊海域。澎湖西邊是臺灣淺灘的北側（參見後篇臺灣四周海底地形的說明），水深大約20到30公尺，很淺，以現代海洋知識來說，平均流弱。當地海流通常以南北向往復流動的潮流為主，「自北流南」應是碰到小潮時期的退潮流，而今則可知「源出何所」了。

　　現代講的「黑水溝」，多半是指澎湖跟臺灣之間的澎湖水道，海

1880年所拍攝停在廣州的帆船
這種帆船是清朝時期用於海上航行的主要船隻。郁永河當年搭的帆船從廈門出發，渡臺灣海峽經過澎湖、從臺南鹿耳門登陸臺灣，大致就是這種形式。（圖片來源：© via Wikimedia Commons）

流由南往北，跟郁永河講黑水溝的相對地理位置是有些出入的。24日，郁永河等人啟程前往臺灣，離開澎湖時看到海水是深綠色，因為近岸水淺含懸浮物質、浮游植物比較多，因此水色偏綠；再遠一點水色轉為淡黑，應該是到了澎湖水道深水區。接近臺灣時，水色又轉為淺藍，最後由鹿耳門登陸抵達臺南。

《裨海紀遊》這本書可能是最早提到「黑水溝」、「紅水溝」這兩個名詞的古籍。從其前後文來看，這兩個詞反映的是水道、海底地形，也有海流的資訊在內。現代對「黑水溝」的解讀大多導向是澎湖水道，海底深邃，水色深藍，海流強勁，大部分時間由南往北，也衍生出「西黑水溝」與「東黑水溝」，跟郁永河的記載海流由北往南不同。「紅水溝」差不多是澎湖以西到福建沿海之間，海底地形大致是烏坵凹陷的南端了，此處水淺，夏天由南海向北流過臺灣淺灘的西南季風流也不強，因此估計海況較為平穩。

「唐山過臺灣」所反映的險惡海象，令人驚心，古時候對海洋的了解非常有限，也不可能有海況預報這回事。《裨海紀遊》裡跟黑潮可能有些關聯的是「黑水溝」，以現代的眼光來解讀，在郁永河渡海來臺當時，黑水溝的水團性質可能屬「黑潮支流」，黑潮水在經過呂宋海峽向西偏進入臺灣西南海域的機率很高。經過多年的研究，這支所謂的黑潮支流怎麼進澎湖水道，有幾種不同的冬春季海流分布型態，例如，黑潮由呂宋海峽進來形成C形流徑，部分跟南海水混合流進澎湖水道，部分繞過墾丁南灣再進入臺灣東部的黑潮流徑等等。

全球海圖（1861年）

19世紀中葉，西方的全球地理及海流圖中，各大海洋的洋流分布已經成形了。赤道洋流（Equatorial Current）、北大西洋的灣流

19世紀60年代地圖與洋流分布圖

1860年美國出版的全球海圖中，各大海洋的主要洋流大致皆已到位。圖上所畫的洋流寬窄幅度暫且不論，基本上已清楚地呈現東亞大陸東側有一支由赤道往北的洋流，沿著陸地邊緣往北邊界流。

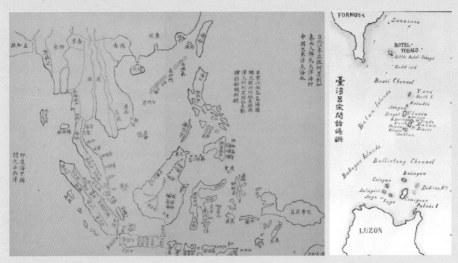

19世紀東南亞及臺灣—呂宋之間的古地圖

古代東南亞地圖與1898年日本人鳥居龍藏所繪製的「臺灣呂宋間諸島嶼」圖
後者在臺灣東南海域已經有簡單的箭號標示海流方向，明顯跟黑潮相關。

(Gulf Stream)、北太平洋的黑潮（圖上叫 Japan Current）的樣子都已大致確定。從 1861 年間出版的海圖裡，可以明確看出各大海洋都有其環繞大洋的海流系統，簡稱「大洋環流」；也看得出臺灣東邊有股由南而北到日本南方的海流。此後大約 100 年間，透過海洋現場觀測及理論分析，生成各種海流的動力機制陸續被研究出來。

黑潮海圖的正式起源（從 1622 年到 1972 年）

關於黑潮比較明確的敘述大約出現在 17 世紀的西方古籍裡。日本學者北野清光（Kiyomitsu Kitano）在 1980 年出版的《海洋學：過去》（Oceanography: The Past）一書第 26 單元講到，第一位提到這支沿著東亞陸地邊緣流動的強流者是 17 世紀中葉的德國地理學家伯恩哈杜斯‧瓦雷尼烏斯（Bernhardus Varenius，1622-1650）；而「黑潮」這名稱則是大約於 18 世紀末由日本人所命名，原因就是其海水的顏色看起來近乎黑色，日文音 Kuroshio 就是「Kuro」——黑、加上「shio」——潮的意思。黑潮的英文 Kuroshio 事實上已經包含海流的意思了。有些人會用「Kuroshio Current」，多加「Current」似乎稍嫌畫蛇添足。

日本學者川合英夫（Kawai Hideo）在 1972 年出版的《黑潮及親潮之海況學》書中提到，黑潮流系從南到北依地理位置由呂宋海流、臺灣海流、黑潮、黑潮延伸流（Kuroshio Extension）以及北太平洋洋流等海流所構成。另一位日本學者新谷（H. Nitani）於 1972 年出版的《黑潮》（Kuroshio）一書中，在〈黑潮的起源〉（Beginning of the Kuroshio）這章就把從東經 130° 以西、北赤道洋流西端以北的範圍都算成黑潮源區。

現今來看，從菲律賓呂宋島東邊起，經臺灣東部海域，到日本南方的這段北太平洋西方邊界流被泛稱為「黑潮」，是目前普遍接受的認知。

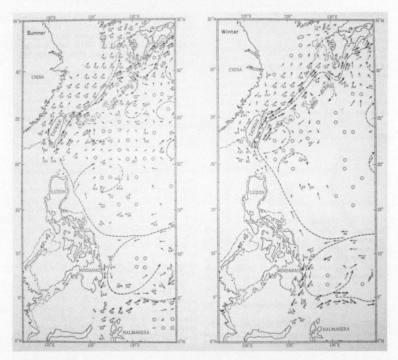

1935年東亞海流圖

新谷（H. Nitani）在1972年出版的《黑潮》〈Kuroshio〉一書中的〈黑潮的起源〉（Beginning of the Kuroshio）這章，用了這幅1935年日本海軍水文局出版的海流圖，來說明黑潮的地理位置。新谷把從東經130°以西、北赤道洋流西端以北的範圍都算黑潮源區。（圖片來源：Nitani, H.（1972）. Beginning of the Kuroshio. In: Stommel, H., Yoshida, K. (Eds.) , Kuroshio, its physical aspects. University of Tokyo Press, Tokyo, pp. 129-163.）

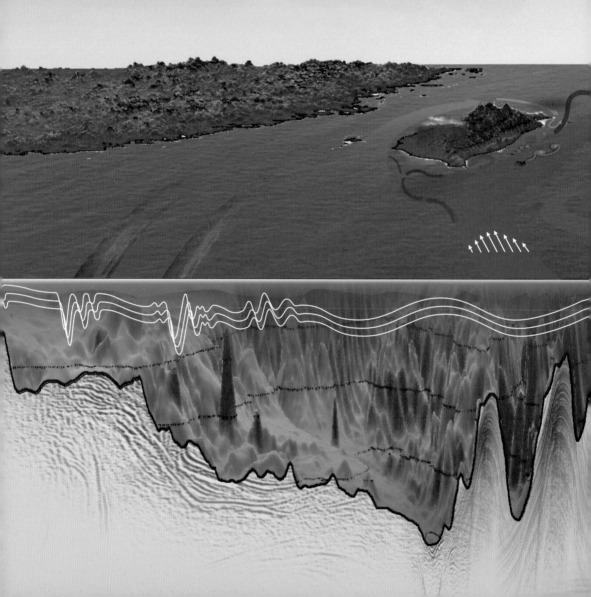

PART II

大交換——
一場史詩般的時空演出

做了多年的觀測與研究，逐漸領悟到當黑潮大龍擺尾時，會深深影響臺灣四周海域的環境。如果按照海底地形、季節、季風、水團、颱風等因素分析，又可將臺灣附近分成四塊海域，其各自擁有不同的特色。

CHAPTER 03

黑潮怎麼流？——
詭譎的海上立體高速流路

黑潮在臺灣東部外海所行經的海底地形十分複雜，包括蘭嶼海溝、花東海盆、琉球海溝、宜蘭海脊、東海大陸棚等等，地形會導引黑潮的路徑和轉彎方向。

黑潮的平均性與變動性：路徑、流量、流幅、厚度

從臺灣研究船自 1990 年以來在東部海域的隨船海流儀觀測資料的季節平均結果大致可知，夏季西南季風期間，黑潮從蘭嶼海溝與蘭嶼東邊兵分兩路進入花東、宜蘭海域，在碰到東海大陸棚前，從蘇澳附近脫離宜蘭海岸轉向東北，沿著東海大陸棚緣流向日本。冬天強烈的東北季風作用下，呂宋海峽黑潮一部分會轉向西形成 C 形流路，有一小部分會經由澎湖水道流入臺灣海峽，即冬季黑潮支流，大部分順時針方向繞的 C 形環流會再經過臺灣南端匯流至黑潮主流。到了臺灣東

海洋大尺度、中尺度、次中尺度

海洋大尺度（large scale）、中尺度（mesoscale）、次中尺度（submesoscale）是在海洋各種運動中以地球旋轉作用（科氏力）對海洋運動的影響重不重要來衡量的。重要的屬於中到大尺度，次要到不重要的屬於中尺度以下的運動。

實際而言，跨好幾個緯度到大洋海盆大小大約上千公里尺度的運動，像大洋環流、向南向北跨數個緯度的海面高度震盪等，皆為大尺度；中尺度在海洋裡是如順時針、逆時針海洋渦旋，直徑大約100～300公里、甚至再大一些的運動；次中尺度顧名思義是變動幅度或振幅比中尺度小的運動，大約10到幾十公里，像渦旋邊緣出現的波動現象、小圈渦流等，科氏力在此等運動的力平衡是次要的。尺度再小下去，如海流在流過島嶼背後產生的渦流、流過海脊之後產生的水下垂直波動等，均屬於小尺度運動，科氏力對運動的影響可忽略不計。

北部海域，如果我們把受西行中尺度渦旋的影響拿掉，會有黑潮季節性入侵東海陸棚的現象。

從海流觀測資料來看，黑潮在蘭嶼附近常呈**雙流速核心構造**，但在花蓮外海則合而為一，形成窄而強的強流。早年的分析認為黑潮越過宜蘭海脊後，其最大流速軸有季節性的擺動，夏季離岸較遠，冬季則較近；近年則是愈來愈多的觀測資料顯示，**中尺度渦旋**對黑潮的影響會蓋過其季節變化。（詳見第4章第73、75頁）

整體來看，黑潮順著呂宋島東側、呂宋海峽，經過臺灣東邊、東海陸棚邊緣到日本南方，大致可以對應出**幼年期、成長期、穩定期、脫離期**；各階段因應不同的海底地形、周遭環境以及外力干擾，各有其平均與變動的特性。我們最熟悉的部分是自呂宋海峽一路到臺灣東北部海域的黑潮，投入的觀測與研究也最多。

臺灣周圍海域複雜的海底地形

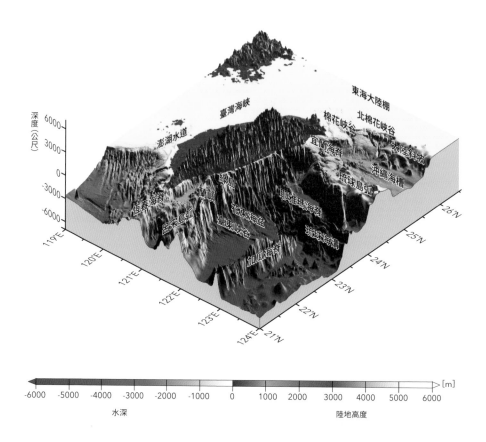

臺灣東部黑潮流域的海底地形有島弧、海盆、海溝、海脊、陡峭海底山脈等。南有恆春海脊、呂宋島弧一路由菲律賓呂宋島北邊延伸到臺東海岸，呂宋島弧上有蘭嶼、綠島。蘭嶼、綠島之間有從太麻里海岸向東延伸出來、很長的臺東峽谷。臺東、花蓮以東是花東海盆，再往東是南北縱向的加瓜海脊，往北依次是琉球海溝、耶雅瑪海脊、琉球島弧、沖繩海槽、東海大陸斜坡、東海大陸棚。

黑潮從水深超過4,000公尺的東部海域流過，其海水厚度大約僅占上層海洋800～1,000公尺厚，除非地形升高到1,000～2,000公尺水深以內，否則其實感受不到4,000公尺以深的海底地形對黑潮流場結構的影響。若論花東海盆海底地形對應的水深及黑潮厚度的比例，黑潮只能算上層海洋裡一層薄薄的海流。(製圖：詹森)

黑潮路徑與季節變化

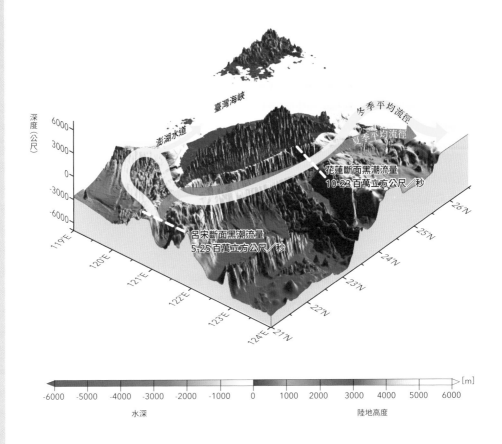

如果把中尺度海洋渦旋對黑潮的影響拿掉，黑潮由呂宋海峽到臺灣東北部海域的流徑，在夏季的時候平均起來是比較直的，冬季在呂宋海峽北半部到臺灣西南海域之間則經常形成C形流徑，其中有一部分支流常從澎湖水道進入臺灣海峽。

主流到了宜蘭海域路徑向西偏，撞到東海大陸棚邊緣時，次表層冷水往往會沿著大陸棚斜坡向上爬，跟表層流往往會衝進大陸棚區，形成入侵臺灣東北部海域的現象。黑潮從呂宋海峽北上的流量有5～25百萬立方公尺／秒，一路北上到花蓮、宜蘭海域流量為10～23百萬立方公尺／秒。（製圖：詹森）

CHAPTER 04

黑潮為何這樣流？
成長史與分布——
變幻萬千的四大海域

1 上游（幼年期）：西南呂宋海峽黑潮入侵，
與南海環流、風、內潮共舞

　　黑潮最大流速軸的平均位置在呂宋海峽兩座海底山脊之間，這裡的變化是個廣受歡迎的科學研究議題，也牽涉到臺灣海峽黑潮支流的源起。

　　有些學者把黑潮在呂宋海峽發生的變化及其背後的動力，比擬成北大西洋尤加敦海流（Yucatan Current）進入墨西哥灣形成套流的動力機制。當尤加敦海流穿過墨西哥尤加敦半島與古巴之間的尤加敦通道（Yucatan Channel），進入墨西哥灣，即形成套流（Loop Current）；順時針方向轉的套流在經由佛羅里達海峽轉出墨西哥灣後，成為貼著美國東岸北行的北大西洋西方邊界流——灣流（Gulf Stream）。

　　2010年，陳慶生教授、王胄教授和我就這個動力過程相似度的議題，共同發表了一篇論文，刊登在《海洋動力學》（*Ocean Dynamics*, Chern

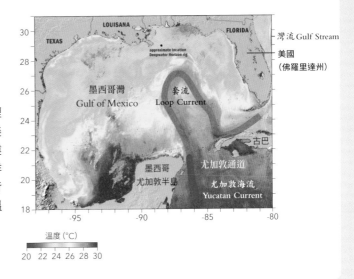

墨西哥灣套流

尤加敦海流進墨西哥灣裡形成持續性套流，再從美國跟古巴之間的佛羅里達海峽流出，成為北大西洋西方邊界流——灣流。背景圖是衛星遙測海表面溫度分布。

（底圖來源：美國國家科學基金會
製圖：詹森）

et al. 2010）期刊上，我們認為，不論從黑潮流過呂宋海峽時的流向與路徑、南海的相對位置、海底地形等各方面來分析，都跟套流的形成與變動在墨西哥灣的遭遇不同，變動的動力機制也不那麼一致。

尤加敦海流從尤加敦通道直直進入墨西哥灣，黑潮則是從呂宋島東北方進入呂宋海峽南部，往北橫越呂宋海峽流到臺灣南端，差不多是擦南海東北邊而過，跟尤加敦海流單刀直入墨西哥灣很不一樣。此外，兩個海域的海底地形也差異頗大，呂宋海峽裡有南北走向、高聳的呂宋島弧、恆春海脊擋在西菲律賓海跟南海之間，反觀尤加敦通道裡沒有高聳的海脊地形，因此，海流受地形影響產生的變化也不一樣。進一步以各種現場觀測資料包括漂流浮標軌跡的統計來看，亦顯示黑潮在呂宋海峽跟南海北部並沒有類似墨西哥灣裡的持續性套流路徑。

為什麼會如此？而間歇性的黑潮入侵南海現象又是如何發生的？眾家學者各有各的理論，也都合理，我們的論文裡則說明，黑潮在這

裡受到海面風應力旋度的作用而產生向東或向西偏的位移。當冬季東
北季風南下到臺灣尾的時候，向著風向的左側風速沒受陸地阻礙，右
側風速則受臺灣山脈阻擋而減速，因此出了臺灣尾吹到呂宋海峽上面
的時候，往往呈現的是順時針方向的風旋度罩在海面上，此時經過呂
宋海峽北上的黑潮就從風場接收到一股順時針旋轉的渦度，而傾向讓

海流資料顯示黑潮穿越呂宋海峽的流徑

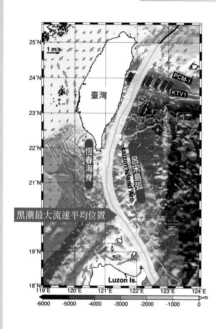

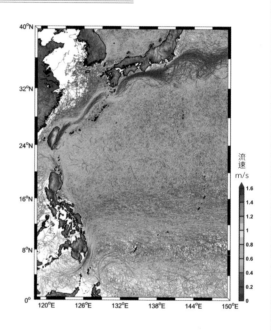

1991～2009 年間，研究船載都普勒
流剖儀（Acoustic Doppler Current
Profiler，ADCP）所測得的流速分布
統計圖。圖上顯示的是 30 公尺深的平
均海流大小。（製圖：詹森）

綜合的漂流浮標軌跡（Tracks of SVP
drifters）流速分布圖。對應的漂流速
度以顏色區別，由藍到紅色顯示流速
愈來愈大，一群紅色的高流速軌跡聚
集可以代表北太平洋西方邊界流的位
置。（製圖：郭天俠）

順時針（負）渦度驅使黑潮入侵南海

冬季東北季風南下到臺灣尾的時候製造出順時針方向的風旋度傳給呂宋海峽裡的黑潮，驅使黑潮傾向轉成C形流徑入侵南海。太平洋裡的中尺度**順時針**渦旋如果在呂宋海峽東邊接近黑潮，也會把**順時針**渦度注入黑潮，造成相似的黑潮入侵。(製圖：詹森)

自己由曲線調整成C形的流徑。事實上，從太平洋這一側由東而西的中尺度海洋渦旋也深深的影響黑潮的行為，尤其是順時針轉的渦旋（反氣旋）剛好在呂宋海峽附近接觸到黑潮的話，理論上也會把順時針渦度傳給黑潮，製造出C形黑潮流徑。這些都增加了黑潮在呂宋海峽入侵臺灣西南海域、南海東北部的複雜度。[1]

---

1 在地球物理流體力學的專業名詞裡，順時針旋轉渦度或渦流叫反氣旋渦度（負渦度）或反氣旋（anticyclone），反之叫氣旋渦度（正渦度）或氣旋（cyclone）。

船載都普勒流剖儀
（Acoustic Doppler Current Profiler，簡稱ADCP）測流原理

流速剖面
紅：>1 m/s
藍：<0.1 m/s

船載都普勒流剖儀音束

海流挾帶懸浮顆粒

應用都普勒效應：移動的懸浮顆粒造成音束頻率改變，由音頻變化可以推算出顆粒移動速度（流速），由顆粒抵達各音束的先後順序可以推出流向。

船載ADCP測海流的原理跟用測速槍測汽車超速類似，由裝置在船底的音鼓向下打出至少3～4道角度不同的音束，當音束打到隨著海流流動的懸浮顆粒，發生都普勒效應，即音束的頻率產生變化，由頻率的變化可以推算出**顆粒移動速度，即流速**，再由顆粒抵達各音束的**先後順序及時間**差可以推出**流向**。音束向下傳到還能維持一定強度的深度，就是能測出流速剖面的最大深度。頻率愈低可以穿透水層的深度愈深，例如300千赫（kHz）的音頻測流的有效深度大約100公尺，75千赫可達600公尺，38千赫達1,000公尺深。愈低頻雖然能測得愈深，但要損失流速剖面的垂直解析度，也就是測量所得每層流速對應的厚度愈厚。（製圖：詹森）

解謎2008年潛水客漂流事件：那一夜從墾丁到臺東……

2008年春天，一個風和日麗的假日，一群潛水客在墾丁南方七星岩海域潛水失聯，經過海上接駁船隻搜尋未果，旋即通報海巡及附近作業漁船協助搜救。隨後媒體、當地民眾亦主動加入，竭力幫忙找人，有人說向東、有人說向西、有人求神問卜說往南、也有人說應該往北搜……家屬焦急萬分。夜裡，臺東太麻里海域岸邊，兩位海釣客被一位從遠方游上岸的泳客驚嚇到，竟是白天失聯的潛水教練！海釣客趕緊向當地海巡回報，一大清早，這群潛水客在太麻里海域被海巡隊全數救起。原來，是黑潮把這群人從墾丁南方往北帶到上百公里遠的臺東海域。

這次事件有驚無險，事後分析可知，墾丁南灣外七星岩海域位處呂宋海峽北端、太平洋與南海之交界，海況確實比較複雜，但站在海巡專業及科學的立場，實不應將其誇大比喻成神祕不可測的「百慕達三角洲」。事實上，根據臺灣海洋學界多年的觀測，以及臺美合作探索南海內潮起源的觀測結果，此海域的海流雖可稱「險惡」或「變化多端」，然而皆有跡可循，並非全不可測。

該海域洋流複雜的原因在於，由南而北穿越呂宋海峽的強勁黑潮，以時速大約3至4浬（註：相當於每秒大約1.5至2公尺的速度〔3節至4節〕。這種洋流速度相當快，一般人在海裡碰到流速1節〔每秒0.5公尺〕時就沒辦法抗流）經過七星岩海域，黑潮的流況受到多種物理因子的干擾，例如季節風變換、颱風吹襲、中尺度海洋渦旋由東而西撞到黑潮、上游北赤道洋流的擾動順流而來等，這些都會造成黑潮有時偏東、有時偏西的情形，流速也有快慢的變化。但這股強流由南往北的趨勢大致不變。此外，南海北部的上層洋流，有時會由西而東、經由呂宋海峽匯入上述黑潮左翼，也提高了七星岩海域洋流的複雜度。

由臺灣南端至菲律賓呂宋島之間的呂宋海峽，海底有兩道南北走

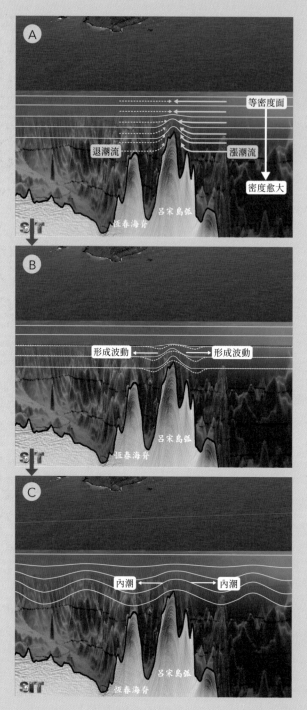

潮來潮往
在呂宋海峽海脊上製造內波

A：呂宋海峽裡的東－西向漲、退潮流會在海脊上把垂直分層的海水沿著斜坡向上推高；

B：當潮流停歇且將由漲潮流轉為退潮流或反過來轉潮時，先前被潮流推高的海水因失去被向上推的力，被重力拉回來，進而發生向下拉過頭的現象；

C：潮來潮往不斷地在海脊兩側斜坡上造波，形成**內波**，由海脊東西兩側分別向太平洋與南海傳播。上述潮來潮往在海脊斜坡上造出內波，因週期和潮汐一致，所以又叫**內潮**。恆春海脊與呂宋島弧兩個內潮產生區毗鄰在一起，使得呂宋海峽裡不同區域、不同時間產生的內潮會疊在一起互相影響，形成南海北部複雜的內潮及由內潮再演變成**高頻內波**的形貌。（製圖：詹森）

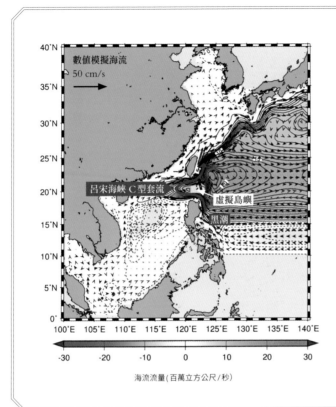

數值模擬海流
→ 50 cm/s

呂宋海峽 C 型套流
虛擬島嶼
黑潮

海流流量(百萬立方公尺/秒)

**一座虛擬島的
黑潮套流模擬**

在數值模式虛擬的海洋裡，
放個虛擬的島嶼在呂宋海峽
中間，類比古巴島之於墨西
哥灣開口的中間，黑潮就會
在南邊通道穿進南海北部，
形成像墨西哥灣套流一般的
持續性順時針 C 形套流，從
北通道出來，離開南海。但，
這不是實際的狀況。

(製圖：詹森，改自 Chern et al. 2010,
Figure 10)

向高聳的海脊，由太平洋經此傳進南海的潮汐，在經過這兩道門檻時，
隨著潮來潮往的往復潮流，速度大增，再加上上述的洋流因子，更增
添了該地洋流的複雜度。

在呂宋海峽這兩道海脊上往復的潮流，會引起當地海水等密度面
(註：海水有垂直分層，每個等密度面就是一個密度界面)的巨大垂直起伏，這
就是所謂的海洋「**內波**」，在海洋內波產生及經過的海域，很容易產生
上、下層海流相反的現象。在七星岩海域失蹤的八名潛水客，起初很
可能遭遇內波產生的上、下層海流反向作用，以致漂流到不知道什麼
地方去。

東北季風期間，在強風的持續作用下，七星岩海域的洋流又產生另一番景象。強風造成的大浪及表層風驅流，會使七星岩海域表層洋流反轉向西南，與黑潮方向相反。但通常東北風一減弱，海流就可能轉回與黑潮同向，往北至東北向流動。

學術研究發展電腦洋流數值模擬的目的，就是希望利用上述知識，提高模擬海流的準確度，以供多方面的應用。

2 臺灣海峽南部：
黑潮支流蜿蜒多變，冬夏不同、時有時無

早年唸碩士班時，海洋所物理組的老師就曾教過，黑潮從呂宋海峽分岔過來的黑潮支流，冬天從澎湖水道進入臺灣海峽被南下的中國大陸沿岸流擋在臺中外海附近；夏天時則減弱，並被從南海而來的西南季風流擋掉，西南季風流取而代之進入臺灣海峽。當時憑藉稀少的研究船測量水文資料，得到以上結論。現今拉長時間來看，相差並不大，不過隨著各種觀測資料愈來愈多，我們也更加了解黑潮在此海域的變動是多麼複雜。

黑潮除了季節性的入侵臺灣海峽，在呂宋海峽北部黑潮左側到臺灣西南外海，有時候會衍生出直徑150公里的順時針轉向渦流（反氣旋渦流），駐留在原地數週；接下來可能會脫離黑潮邊緣，變成獨立渦流，朝著西南方移動。有時甚至在反氣旋渦流的北邊，會同時出現逆時針轉向渦流（氣旋渦流），盤踞在澎湖水道南邊入口。這些海洋渦流終究還是會隨著時間改變，從一、兩週到幾個月不等，離開原地向西行。

有一種狀況是，黑潮流徑向西偏進南海，在呂宋海峽北部到南海形成C形套流路徑，再由西而東掃過墾丁，回到臺灣東部黑潮主軸，這種行徑也曾經在東部海域造出**黑潮流軸蜿蜒現象**。在呂宋海峽北部，

呂宋海峽黑潮Ｃ形流徑與冬季黑潮短期衝入臺灣海峽

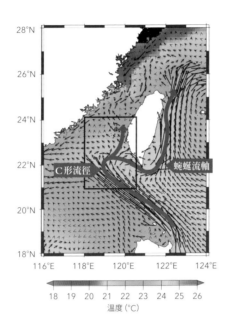

數值模擬冬季海流

在電腦數值模式虛擬的海洋裡，冬季期間黑潮在呂宋海峽平均呈現Ｃ形流徑，西側一部分海流沿澎湖水道北上成為黑潮支流，主流掃過臺灣南端，匯集到東部海域呈現蜿蜒流徑。

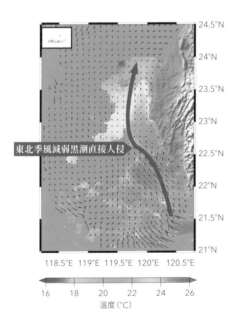

衛星遙測海面溫度與地轉流
（2014/02/16）

每當冬季東北季風一減弱，像2014年2月中的衛星遙測海面溫度及對應之地轉流所呈現的景象，呂宋海峽北部的黑潮分支流就有機會從澎湖水道北上進入臺灣海峽；一旦東北季風再度增強時，這類黑潮入侵即又被阻斷，呂宋海峽的黑潮回到Ｃ形流徑。（製圖：詹森）

臺灣海域海流與海面高度分布呈現多種渦旋風貌

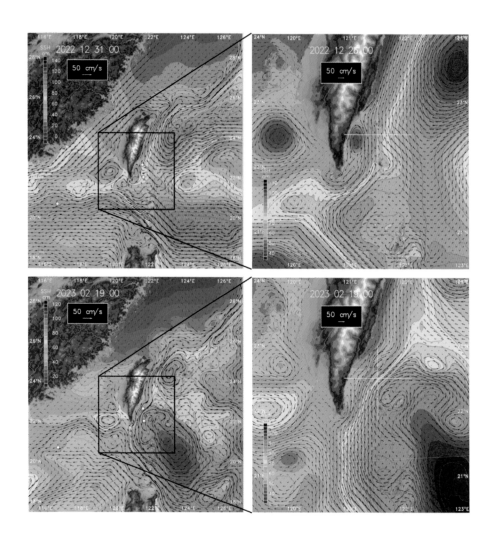

美國海軍研究實驗室（Naval Research Laboratory）柯東山博士用海洋數值模式模擬臺灣海域海流與海面高度分布，模擬的結果呈現臺灣西南海域在2022年底有一個直徑大約100公里的逆時針冷渦（氣旋冷渦），中心水位低下去（上圖藍色圓形區域），2個月後，即2023年2月，變成一個直徑大約150公里的順時針暖渦（反氣旋暖渦），中心水位高起來（下圖橘色橢圓形區域）。這是黑潮在臺灣西南部海域多樣流徑的其中一種面貌。（製圖：詹森）

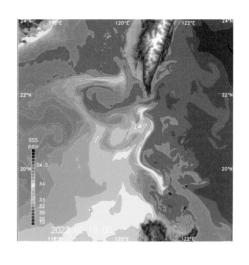

臺灣西南海域
順時針（反氣旋）渦流的鹽度變化

美國海軍研究實驗室柯東山博士的海洋數值模式模擬顯示，2023年2月呂宋海峽西北方一個直徑大約150公里的順時針旋轉暖渦，引起扭來扭去的鹽度變化，左下方的色階中，紅色代表鹽度超過34.5的高鹽水，黃色代表鹽度在34附近，綠到藍色鹽度低於33。黑潮表層水的鹽度在這個海域通常在34.5以上。圖上黃綠色鹽度比較低的水通常混了河川注入的淡水形成低鹽沖淡水，若接觸到黑潮高鹽水，兩個水之間將形成鹽度鋒面。(製圖：詹森)

有時候拐彎抹角的渦流或套流又不上演了，尤其當冬天東北季風減弱時，黑潮左側邊流會分一部分直接沿臺灣西南海岸從澎湖水道侵入臺灣海峽，不過這類**直接入侵**似乎不能持久，黑潮上游一變動或東北季風再起，可能又轉變成套流或渦流形態。

3 東部（成長期）：
狂野叛逆的流軸飄動、蘭嶼雙核心與西行渦旋

　　黑潮沿著呂宋島到脫離呂宋海岸穿過呂宋海峽後，主流由臺灣東方海域北上，經過臺東外海南北縱向海溝地形、蘭嶼、呂宋島弧北端、綠島，進入花東海盆深海區，接著再碰到一個突然陡升的海底地形，

流過耶雅瑪海脊、沖繩海槽、宜蘭海脊等，便撞到東海大陸斜坡及大陸棚邊緣。由呂宋海峽一路北上到臺灣東北部海域的黑潮，在不同時空下的變動很大。

黑潮有多寬？流速有多快？從2012年國科會支持的「黑潮流量與變異探測計畫」（Observations of the Kuroshio Transport and Variability，簡稱OKTV）以船載ADCP所測的流速資料統計來看，確認了黑潮的大幅擾動。

我們定北向流速大於等於每秒0.2公尺的區間當做黑潮主流流幅之寬度（以北向流速分量每秒0.2公尺做為判別黑潮邊界位置之依據），臺灣東側黑潮流幅寬度約為100公里，最窄處為宜蘭海脊上由蘇澳至與那國島之間，流幅寬度僅80公里，其變化範圍可從85至135公里。流幅之間最大流速大約是每秒1.5公尺，由表面算起向下，流層厚度大約600到800公尺。跟東部水深動輒4,000到5,000公尺比起來，黑潮只能算是海洋上層「薄薄的一層海流」。

此外，其流量在每秒10到23百萬立方公尺之間，相當於每秒可以灌滿4,000到9,200座奧運游泳池的水，最大流速的位置可自離岸僅20公里到遠離東岸100公里處，狀似大龍擺尾，相當驚人，只是擺尾的時間可能長達4、5個月。

相關的水團包括黑潮、南海、北太平洋副熱帶中層、表層水，各占據不同的深度與範圍，彼此競逐互動，異常複雜。凡此種種均顯示臺灣東邊的黑潮是一支仍在發育且變化幅度甚大的海流，流況並不穩定。

有時，一部分黑潮流在呂宋島弧以東，會呈現兩個軸心的**雙流速核心現象**，因為島弧把流分成兩股，因此在綠島以北、花東海盆上量到的黑潮流斷面，會呈現兩個北向流速核心；若再往北到花蓮、宜蘭外海後，又併成了一支單一流速核心的黑潮主流。

黑潮在這裡大概已經從上游的幼兒、兒童期到成長期了。

黑潮雙流速核心

「黑潮流量與變異探測計畫」（Observations of the Kuroshio Transport and Variability，簡稱OKTV）在臺灣東部設定的KTV1、KTV2、KTV3三條測量斷面位置。

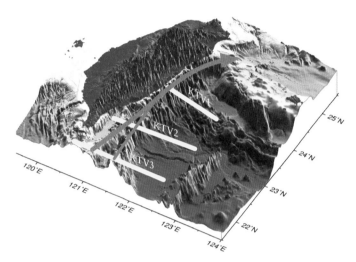

2012年9月到2015年6月間，以研究船海研一、三或五號在這三條斷面測到的北向平均流速剖面與流速標準偏差量顯示，海底地形之呂宋島弧把往北的黑潮流分成兩股，因此在蘭嶼KTV3及綠島KTV2測線量到的黑潮流斷面，呈現兩個流速核心的特徵，看起來像兩股平行的海流；若再往北到花蓮測線KTV1，上游的兩股海流又併成了一支單一流速核心的海流。

（製圖：詹森）

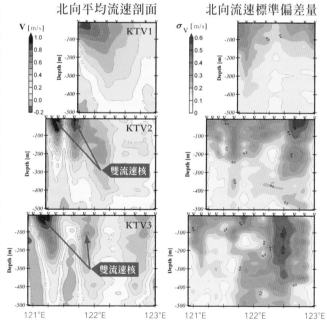

這段時期雖然比兒童和幼兒期穩定，但有時青少年狂野叛逆，容易受到外在環境的干擾：前有南海來的水團從呂宋海峽貼到黑潮左側，後又有順時針或逆時針的中尺度渦旋從東邊過來撞到黑潮右側，有時候造成雙流軸變單流軸、有時候又變成全部雙軸，有時候流軸離岸很

研究船探測黑潮期間在船上做的筆記

研究紀錄簿是研究人員出海實驗、做研究過程中非常重要的手札，裡頭有當下的海洋現象相對位置、測站座標、現場特殊狀況描述、量測結果等，這些徒手畫鴉，記的都是關鍵的現場實驗及探測過程。

（圖片：詹森）

遠形成近岸反流、有時候最大流速軸又很貼岸形成很強的近岸流等，這些樣貌，都記錄在我超過10年的花蓮黑潮觀測工作紀錄簿裡。

當向西行進的中尺度渦旋撞到黑潮

「世界海洋環流實驗」（World Ocean Circulation Experiment，簡稱WOCE）是1994到1996年間奠定黑潮研究的重要基石，自其觀測成果發表以來，渦旋碰到黑潮後的互相影響、互制，一直是海洋研究的熱門議題。

除了複雜的海底地形、季風效應、颱風作用會對黑潮流況產生大小程度不一的影響；根據臺大海洋所張明輝教授分析**OKTV**海流實測資料並同步對應衛星遙測海面高度與地轉流資料後，歸納出一個結論，

從太平洋來的向西行進渦旋撞到臺灣東岸黑潮時的流量、流速變化

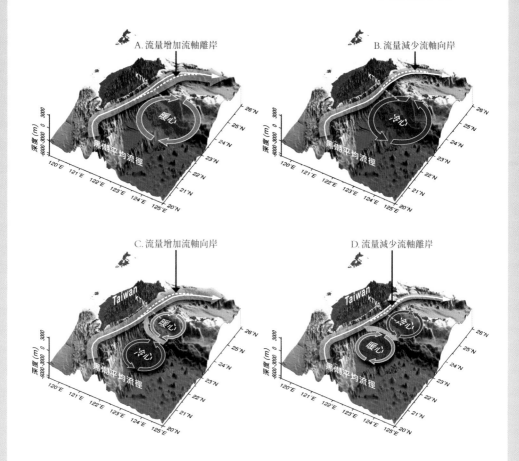

當向西行進的中尺度渦旋移動到臺灣東岸的黑潮邊緣時，渦旋的流場造成黑潮發生不同型態的流量變化與最大速度流軸位移。

A、B為單一順時和逆時針渦旋碰到黑潮所引起的黑潮流場變化圖，當順時針渦旋的西側碰到黑潮東側時，注入跟黑潮同向的流，為黑潮加速、流量上升如A，反之逆時針渦旋的西側則是給黑潮反向流，使得黑潮流速減小甚至流向離岸方向，再北邊一點東北海域，黑潮流徑有向西偏的現象如B；

C、D則是順時－逆時針渦旋以不同的配置撞上黑潮後，引起的黑潮流場變化。兩個渦旋之間的聚合流若是匯集如黃色箭頭所示進入黑潮如C，會增加黑潮下游的流量，反之若兩個渦旋之間的聚合流是離岸向東如D，部分黑潮東側流被抽離，會造成下游流量減小。（製圖：詹森，參考Chang et al. 2018）

地轉平衡下的地轉流（Geostrophic current）

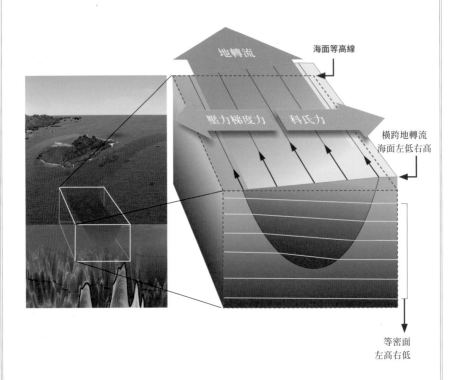

大尺度海洋環流裡的海流是地轉流，造成此海流背後最主要的動力平衡是
地球旋轉科氏力和壓力梯度力之間的平衡，在地球物理流體力學裡叫做**地
轉平衡**（Geostrophic balance）。因此，若我們騎在地轉流上前進的話，
海面高度在我們的左手邊低、右手邊高（北半球），換言之，地轉流是沿
著海面等高線前進的，而在海面下等密度面呈左高、右低傾斜，在同一
個深度的水溫則是左手邊較右手邊水溫低。地轉流流速愈大，表示左低、
右高的海面斜坡及水下等密面左高、右低的傾斜愈陡。以跟著黑潮前進為
例，其流幅寬度大約80到100公里，右邊海面比左邊高大約50公分，由
右向左垂直黑潮流向的水平壓力梯度力，跟黑潮所受的由左向右的科氏力
互相平衡。（製圖：詹森）

一顆海洋渦旋撞到黑潮的後果

A. 逆時針渦旋（氣旋）

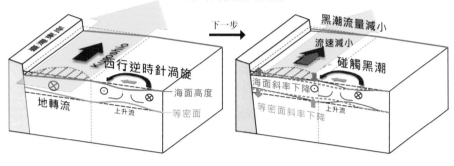

B. 順時針渦旋（反氣旋）

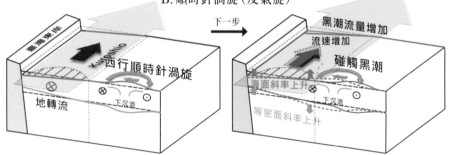

當單一中尺度海洋渦旋由東而西跑來撞到臺灣東岸外的黑潮後，渦旋及黑潮在海洋東一西方向的橫截面上等密面、橫截面流場、海面等高面上都發生互相影響的變化。黑潮是一支有密度分層的**地轉流**（詳左頁），若跟著黑潮前進，海水位在我們的右邊高、左邊低，水面以下層層的等密面則是呈左高、右低傾斜，以保持由右向左的壓力梯度力跟北向流產生的由左向右的科氏力互相平衡。海面高度與水下等密面斜坡愈陡，黑潮北向流速愈快，流量愈大。當渦旋撞到黑潮後：

A西行逆時針渦旋（氣旋），海面高度（紅線）中心低四周高、等密面（淺藍線）中心高四周低，接觸黑潮時，將造成黑潮本身橫截面海面高度像蹺蹺板一樣，東側被壓低、西側被抬高，如右圖紅色箭頭示意，黑潮裡的等密面則是東側抬升、西側下降，傾斜度減小，如右圖淺藍箭頭示意，兩者都是斜坡面變得平緩，以地轉流的動力平衡來說，都造成黑潮減速、流量減小；

B反之，西行順時針渦旋（反氣旋）接觸黑潮時，黑潮橫截面上海面斜坡、等密面傾斜度都變大了，在地轉流的動力平衡之下造成黑潮必須加速，流量因此上升。

（製圖：詹森，改自 Jan et al. 2017, Figure 1）

黑潮以下 2,000 公尺深處的反流

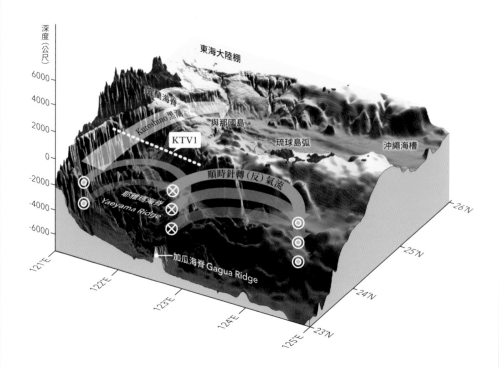

OKTV計畫的海流與水文測量結果顯示，黑潮以下是跟黑潮流向相反的南流。當順時針渦旋接近黑潮時，除了1,000公尺深以上黑潮橫截面水位與等密面斜坡發生蹺蹺板式的變化；大約2,000公尺深以下，順時針渦旋西半邊的流撞到耶雅瑪海脊，會產生逆時針的迴流，這是黑潮下方發生反向流的原因之一。

（製圖：詹森，改自 Andres et al. 2017, Figure 15）

呂宋海峽裡黑潮路徑變動
與捲入南海水的互動

呂宋海峽裡的黑潮以及下游黑潮
橫截面上等密面傾斜變化程度的
關係。正常狀態下如 A，南海上
層水在呂宋海峽北半部被黑潮的
西側流捲入，跟著黑潮水一路北
上，此時黑潮橫截面上左高、右
低傾斜的等密面相對比較陡，北
向流也比較強；

B 黑潮發生蜿蜒路徑前，呂宋海
峽裡的黑潮呈現 C 形套流流徑，
西側發生順時針渦旋脫離黑潮左
側的現象，加上比較輕的南海上
層水在呂宋海峽注入黑潮西側的
水量相對少，導致前述臺灣東邊
黑潮等密面傾斜度減緩、流速減
小，流徑開始離岸向東位移；

C 黑潮流徑向東移形成蜿蜒現象
期間，黑潮西側跟臺灣東岸之間
生成反時針渦流，部分臺灣北部
的海水趁隙進入東部海域，呂宋
海峽裡的黑潮流徑則逐漸回復直
線。

(製圖：詹森，改自 Mensah et al. 2020,
Figure 13)

A 正常狀態

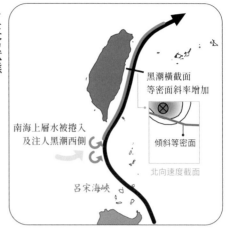

B 黑潮最大流速軸位移前

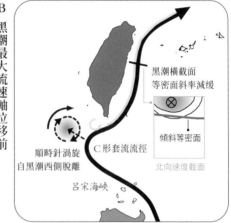

C 黑潮最大流速軸位移期間

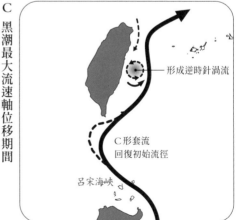

那就是經常造訪黑潮的**向西行進中尺度海洋渦旋**，亦會造成黑潮流量大小與流軸搖擺變動的不同型態，這是1996到1998年WOCE計畫發現黑潮100天週期變動背後的主因。這些效應都增益黑潮變異的複雜度、背後的動力機制，也因此更值得深入探究。

4 下游：東北部冷丘湧升流、黑潮入侵

黑潮由臺灣東北海域轉彎「擦邊」東海陸棚邊緣時，常在陸棚邊緣形成一道直徑約70公里的逆時針旋轉渦流，中心是從比較「營養」的黑潮次表層水爬坡上升，形成**冷丘 (Cold dome) 水文結構**，夏、秋兩季常常形成很好的漁場。

黑潮到了臺灣東北部，是否有衝上東海大陸棚區？有沒有製造出湧升冷丘區？有關這些研究，不能不提KEEP計畫。

「黑潮邊緣海水交換作用研究計劃」，簡稱KEEP (Kuroshio Edge Exchange Process)，是1980年代後期由海洋學界的資深老師如臺大海洋所莊文思、陳慶生、王冑、唐存勇、白書禎、劉康克等教授，中山大學許德惇、陳鎮東等教授，海洋大學龔國慶教授，以及旅美華籍物理海洋學者薛亞、汪東平、趙愼餘教授等人發起，1989年由國科會補助執行，在當時可說是臺灣海洋學界30年來最具規模的大型整合研究計

KEEP的logo
由臺大海洋所白書禎教授設計，首開我國整合型海洋研究計畫以標誌代表之先河，引起接下來的整合海洋研究計畫仿效，競相設計能令人眼睛為之一亮的標誌。

臺灣東北海域夏季、冬季黑潮表層流路徑的差異——
以漂流浮標軌跡統計呈現

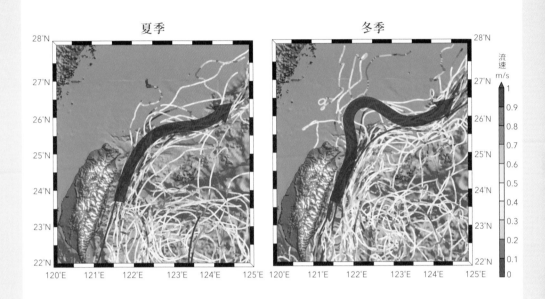

從漂流浮標軌跡聚集的程度及漂流速度（紅色表示快，藍色表示慢），可以歸納出黑潮的主流路徑：夏季多數集中沿著東海大陸棚邊緣流向日本，冬季則有一部分先進入東海南部大陸棚上，形成Ω狀順時針流的路徑，隨後再向左轉流向日本。(製圖：詹森)

畫。計畫標誌由白書禎教授設計，是國內海洋研究計畫第一次出現的正式標誌，形象鮮明，識別度高，彰顯研究計畫的高度與重要，一看就能認出。

從研究船海研一號、海研二號的探測資料，有限的人造衛星遙測海表溫度資料，加上海洋數值模式的動力過程研究與詮釋，KEEP計畫發現黑潮從臺灣東岸深水區北上到東北海域，碰到陡升的大陸棚海底地形，表層暖水會跟著大陸棚邊緣等深線**右轉**。另一方面，來到東

北海域的黑潮也被從臺灣海峽北上流到這邊的水團阻擋，而沿著東海大陸棚邊緣、琉球島弧的西側朝日本九州方向流去。有時候，表層暖水會如脫韁野馬直衝上陸棚海域，然後才以順時鐘方向優雅地畫個Ω弧線右轉、沿陸棚邊緣繼續北上。尤其到了冬天，暖水經常衝上陸棚，除了從臺灣海峽來的阻擋流減小，甚至讓出原先在東北海域占的地盤，給黑潮長驅直入的機會。

冬天的東北季風在此地看似阻擋北向流入侵東海，實則在上層海洋製造了**向岸的艾克曼輸送**，反而強化了黑潮表層暖流靠近宜蘭海岸北上。此時，從東海沿岸南下的冷水被一波波冷氣團冷卻，到了這邊又冷又重地沉到表層水底下，冷暖水的密度差、加上地形由深突然變

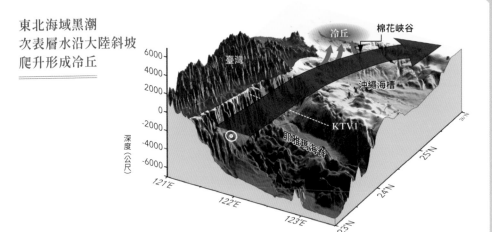

東北海域黑潮次表層水沿大陸斜坡爬升形成冷丘

黑潮在宜蘭蘇澳附近轉向東北方，沿東海大陸棚邊緣流動，部分表層以下的冷水在臺灣東北海域撞到大陸斜坡而向上爬坡，湧升到表層形成冷丘現象（Cold dome）。冷丘的冷水如果被持續的湧升流推到海面上來，人造衛星觀測到的海表面溫度（Sea surface temperature，SST）就有機會看到東北海域有一灘冷水，平均範圍若以直徑來衡量，大約70公里，但要注意的是，這灘冷水涵蓋的範圍，在海表面溫度影像上未必是呈現圓形，常常是不規則形狀的。（製圖：詹森）

淺，更加強了**黑潮表層暖水入侵**的力道，於是，在冬天的人造衛星海面溫度影像，常常可以看到一股由黑潮帶來的暖水蓋在東北海域。

　　其實夏天也會發生黑潮上到東海大陸棚的現象，原因可能是穿過臺灣北部的颱風，在颱風侵襲的後半部，當宜蘭、東北角海域吹南到西南風時，短時間內直接把黑潮表層流吹送上陸棚海域，造成入侵現象；也可能是受到海洋西行中尺度渦旋碰到臺灣東邊黑潮，帶來的間接作用所造成的。

　　要特別說明的是，概念上當黑潮流到東北海域時，如果沒有其他水團的阻擋，上層海流自然會衝進東海南部的大陸棚區，雖然叫「入侵」，但應當是層化海流碰到地形淺化時的常態；黑潮因種種原因被擋在大陸棚邊緣而轉彎，反而才是不正常的。另一個概念是，黑潮流過宮古島、與那國島及宜蘭之間後，像是經過整流器一樣，往後沿著東海大陸棚邊緣往東北到日本九州南邊吐噶喇海峽之間，這一路都還算相對穩定的。

　　碰到東北海域大陸棚斜坡的黑潮**次表層水**，即水深大約100、200公尺以下的水，會發生什麼情形？當次表層水的動能足夠轉成爬坡需要增加的位能，次表層水會沿斜坡爬上來，形成**湧升現象**，在東北角外海產生一個經常性的**冷丘**。冷丘的湧升流若強一點，有時候丘頂冷水會冒出水面，從人造衛星遙測的海表面溫度很容易看出一灘冷水在東北海域。

　　湧升流帶來的生物效應非常重要，世界各海域皆同。臺灣東北冷丘及周邊海域，即是很好的漁場，白帶魚、鎖管漁獲豐富。

　　此外，黑潮流經的沿岸地區平均氣溫會比內陸高。黑潮暖水跟其周遭冷水會形成海水溫差大的海區，經海洋與大氣熱交換的過程，往往也是降雨豐富的地方，尤其在冬天，當臺灣東北方黑潮碰到冰冷的東海陸棚水，會導致海水溫差更大，像是基隆、宜蘭冬天下起的大雨；貢寮到宜蘭海邊氣溫比陸地氣溫高了大概1°C等等，都跟此現象有關。

臺灣東北部海域夏季期間多樣的冷丘面貌

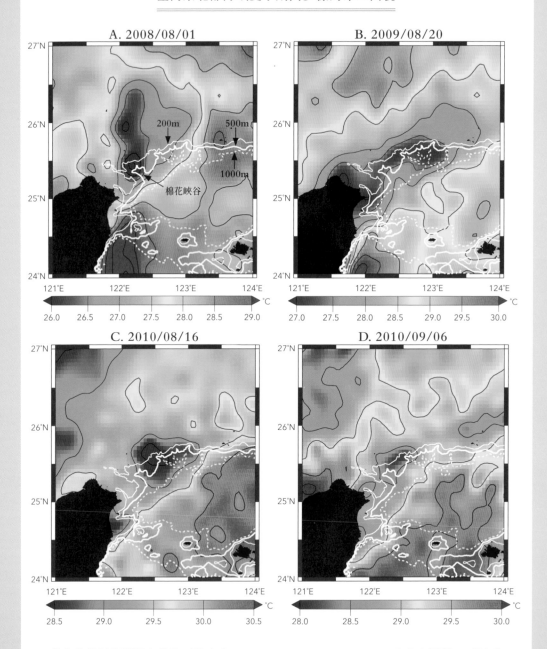

從人造衛星遙測得出的海面溫度（Sea Surface Temperature，SST）分布圖裡，可以看見溫度相對較低的藍色區域，大多呈現不規則形狀，如 A.2008 年 8 月 1 日和 B.2009 年 8 月 20 日出現在不同的位置、朝著不同的方向延伸，也會像 C.2010 年 8 月 16 日及 D.9 月 6 日那般，大小跟位置都不一樣。

（製圖：詹森，改自 Jan et al. 2011, Figure 4）

CHAPTER 05

颱風對黑潮的影響

　　黑潮與颱風的相互影響一向是大家關注的議題。有一派學者[2]的研究結果指出，當颱風經過黑潮暖水區時，有機會從黑潮吸收到更多的熱量而增強，統計上也的確發現經過黑潮熱水區的颱風強度顯著上升，比未受影響的強；黑潮暖水區上的海氣熱通量較一般海域強，也可能經由海氣交互作用提高颱風降雨量。然而颱風實際增強與否或提升降雨量多寡，則跟颱風移動速度、位置、強度、大小、颱風前上層海洋熱含量與大氣環流場有關，加上臺灣東部海底海脊、海山、海槽與大陸棚等高高低低的海底地形同時存在，颱風所引發的黑潮反應和開放海域的情況會有很大的差異，因此必定是一連串複雜動力過程的組合。

　　2013、2014 年 OKTV 計畫觀測了 8 個從黑潮上面或附近通過的颱風，透過此計畫施放於海底的**顛倒聲納及壓力儀**（PIES）觀測結果，可看出這些颱風在穿過花蓮 KTV1 測線時對黑潮流量及海表面溫度的影響。

2.　Lin et al. (2008). Upper-ocean thermal structure and the Western North Pacific Category 5 typhoons. Part I: Ocean features and the category 5 typhoon's intensification. *Monthly Weather Review*, 136, 3288–3306.

　　Wada (2015). Unusually rapid intensification of Typhoon Man-yi in 2013 under preexisting warm-water conditions near the Kuroshio front south of Japan. *Journal of Oceanography*, 71, 597–622.

　　Fujiwara et al. (2020). Remote thermodynamic impact of the Kuroshio Current on a developing tropical cyclone over the Western North Pacific in boreal fall. *Journal of Geophysical Research: Atmosphere*, 125, e2019JD031356.

　　Kawakami et al. (2022). Interactions between ocean and successive typhoons in the Kuroshio region in 2018 in atmosphere–ocean coupled model simulations. *Journal of Geophysical Research: Oceans*, 127, e2021JC018203.

2013及2014年臺灣附近颱風路徑及強度

2013和2014兩年一共有8個颱風經過臺灣附近,這段期間OKTV計畫在臺灣東部黑潮海域P1、P2、P3、P4、P5、P6位置放了6個海底顛倒聲納及壓力儀(PIES),進行為期兩年的黑潮觀測,從觀測資料可推算出颱風經過時黑潮上層水溫、等密面傾斜程度、地轉流改變量等。(製圖:詹森)

△P1~6
為測站名稱

路徑說明:

- 路徑1:
  由東而西越過中
  央山脈

- 路徑2:
  由東往西掠過臺
  灣南部海域或經
  呂宋海峽沿臺灣
  東部北上

- 路徑3:
  由東而西通過臺
  灣東北方海域

- 路徑4:
  沿臺灣東部海面
  北上

顛倒式聲納及壓力儀
(pressure sensor-equipped inverted echo sounder,簡稱PIES)

顛倒式聲納及壓力儀是OKTV計畫用來觀測黑潮流量變化的重要儀器之一。PIES是結合高精度石英壓力感應器與聲納的探測儀器,一般布放在海底向上發出音頻為12千赫的聲音,使其打到海面反射回來,記錄聲束去回到儀器所花的時間t,去回時間長或短跟聲音在海裡跑的快或慢有關。有意思的是,水溫愈高聲速愈快、去回時間愈短,如t_2。反之,聲速愈慢、去回時間愈長,如t_1。海面高度上升,去回時間也增加,反之減少。科學家因此想到,深海水溫變動很小,而上層海洋混合層與躍溫層溫度變化大,所以去回時間可以用來反推上

颱風	強度	7級風暴風半徑(km)	最大風速(m/s)	颱風期間
T1. 麗琵 Leepi	輕TS	220	30	2013/06/17-2013/06/20
T2. 蘇力 Soulik	強4	280	51	2013/07/07-2013/07/13
T3. 潭美 Trami	輕1	180	30	2013/08/17-2013/08/21
T4. 康芮 KongRey	輕TS	120	25	2013/08/26-2013/08/31
T5. 天兔 Usagi	強5	280	55	2013/09/16-2013/09/22
T6. 菲特 Fitow	中二	250	38	2013/09/30-2013/10/06
T7. 麥德姆 Matmo	中二	200	38	2014/07/17-2014/07/23
T8. 鳳凰 Fong-Wong	輕TS	150	25	2014/09/17-2014/09/23

颱風	海底顛倒聲納音波來回傳播時間	黑潮流量	海表面溫度
T2. 蘇力 Soulik	↑	↓	↓
T7. 麥德姆 Matmo	↑	↓	↓
T5. 天兔 Usagi	↓	↑	↓（KTV西側）
T8. 鳳凰 Fong-Wong	↑（P2、P3站）	↑	↓（KTV西側）
T3. 潭美 Trami	—	↓	
T6. 菲特 Fitow	—	↓	
T1. 麗琵 Leepi	↑	↓	
T4. 康芮 Kong-Rey	—	—	

層海洋溫度的結構與變動。由兩個PIES之間推算出同時間的上層水溫差，可再算出密度（壓力）差，如此便可應用科氏力與壓力梯度力的平衡（地轉平衡）推算出垂直於兩站之間剖面的地轉流。（製圖：詹森）

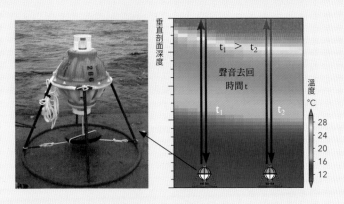

2016年尼伯特、莫蘭蒂、馬勒卡、梅姬颱風觀測

2016年7月起接連4個颱風，尼伯特、莫蘭蒂、馬勒卡、梅姬從臺灣東部穿過或擦邊經過臺灣。颱風經過臺灣東部海域時，風應力直接作用在黑潮上層海流，OKTV計畫剛好在綠島北邊同時有海洋定點都普勒流剖儀、PIES的觀測，加上海岸潮位站及氣象站的資料分析結果顯示，尼伯特颱風造成臺東沿岸水位上升、破壞黑潮表層流結構造成反向流、上層水溫下降。颱風走了以後，沿岸水位少了颱風向岸風的支撐而垮掉，原來堆升水位形成的壓力梯度力隨之被釋放出來，向南的反向流速度隨之下降。黑潮受其他3個颱風的影響，從開始到結束之間的反應、反彈到回復，包含了一連串相似的動力過程，複雜程度不遑多讓。(製圖：詹森)

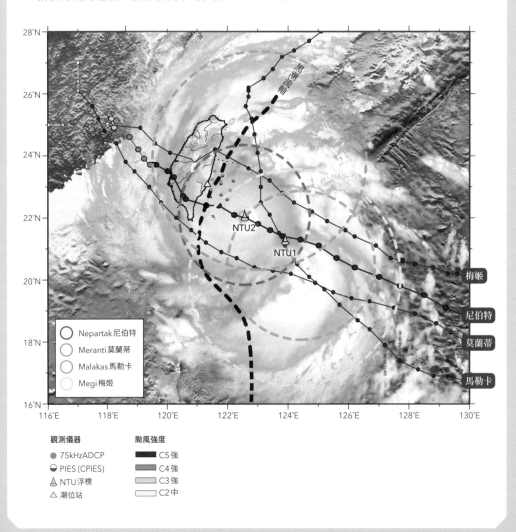

2016年尼伯特颱風對海洋上層水溫及流速的影響

2016年7月，超級颱風尼伯特（Super typhoon Nepartak）由臺灣東邊海域穿過臺灣南部，兩組臺大海洋所颱風浮標，前後經歷颱風眼附近的超級強風，發現強風造成海洋上層海流速度上下差異加大，即速度切（velocity shear）增加、紊流混合能力大增，因而造成表層海水溫度在4小時內快速降溫1.5°C，反而阻礙了颱風從海表面吸熱增強的能力，這叫「呷緊弄破碗」理論。這項發現刊登在《自然》期刊（Nature）系列下的《自然通訊》（Nature Communications）。

資料來源：Yang, Y. J., Chang, M.-H., Hsieh, C.-Y., Chang, H.-I, Jan, S., and Wei, C.-L. (2019). The role of enhanced velocity shears in rapid ocean cooling during Super Typhoon Nepartak 2016. *Nature Communications*, 10, 1627, https://doi.org/10.1038/s41467-019-09574-3. （製圖：詹森）

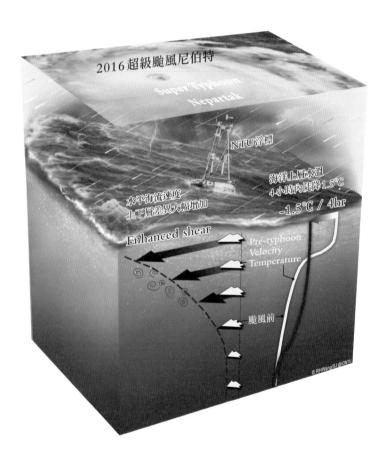

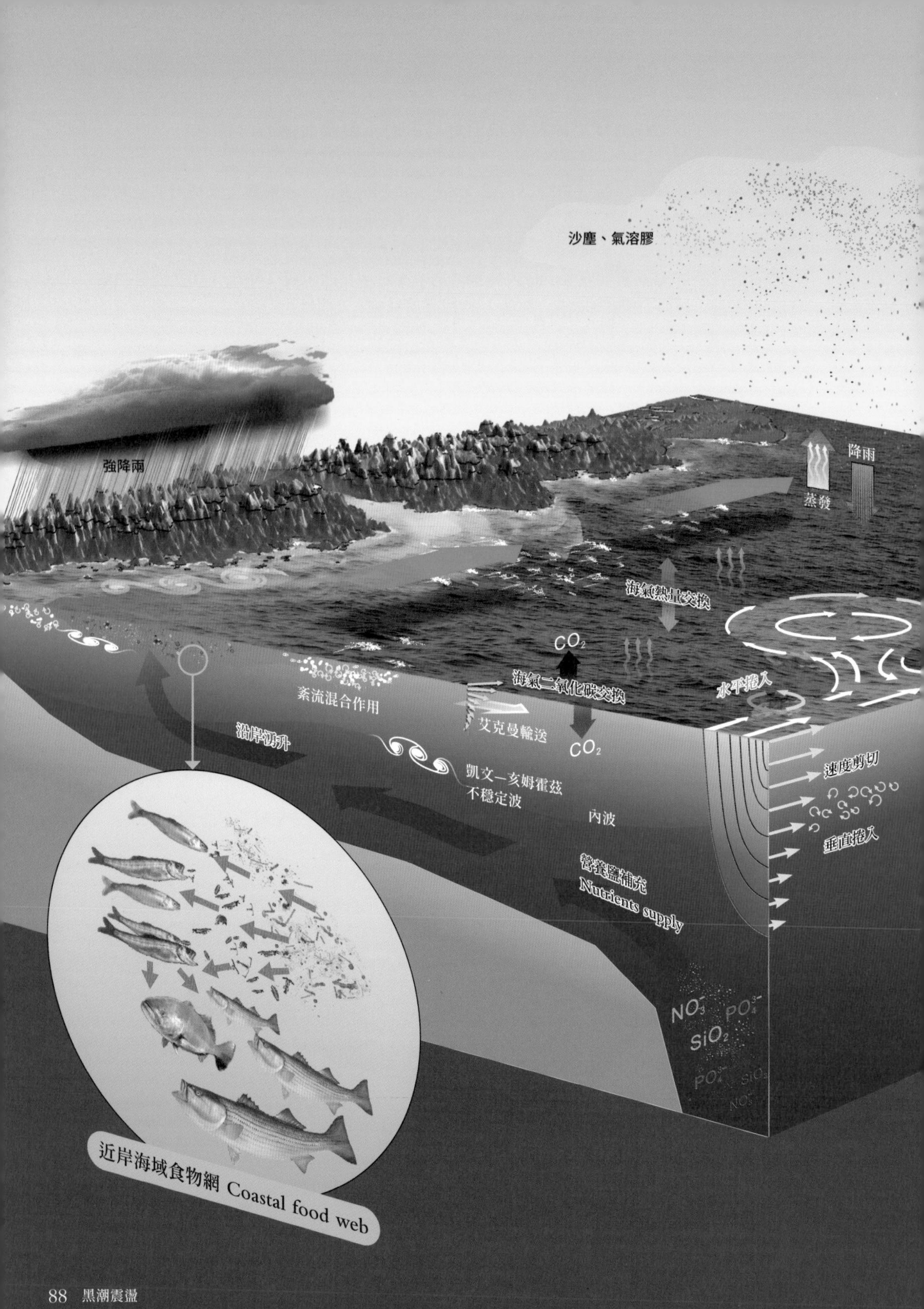

沙塵、氣溶膠

降雨

蒸發

海氣熱量交換

CO_2

海氣二氧化碳交換

CO_2

水平捲入

速度剪切

垂直捲入

強降雨

紊流混合作用

沿岸湧升

艾克曼輸送

凱文—亥姆霍茲
不穩定波

內波

營養鹽補充
Nutrients supply

NO_3 PO_4^{3-}

SiO_2

PO_4 SiO_2

NO_3

近岸海域食物網 Coastal food web

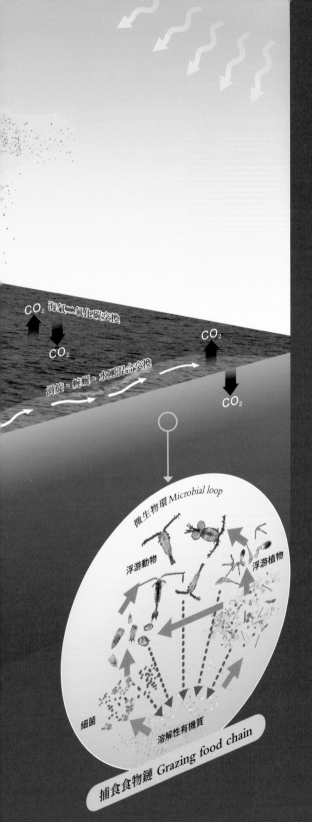

CO₂ 海氣二氧化碳交換

渦旋、蜿蜒、水團混合交換

CO₂

CO₂

CO₂

微生物環 Microbial loop

浮游動物

浮游植物

細菌

溶解性有機質

捕食食物鏈 Grazing food chain

黑潮邊緣與
東海大陸棚海域物理、
生地化、生物交換過程

黑潮沿臺灣東側北上撞到東海大陸棚後，高溫、高鹽的黑潮水沿著大陸棚邊緣流向日本，沿途跟陸棚水彼此之間形成幾公里到數十公里大小不等的渦流、蜿蜒、水團互相捲入、紊流混合、次表層水湧升等，以及海氣熱量、水量、二氧化碳交換等過程，加上大氣裡的沙塵、氣溶膠等沉降到海面上，以及陸地上降雨沖刷下來的陸源物質，造成黑潮水、陸棚水、沿岸水及從大氣沉降下來的物質混合，影響黑潮西側邊緣、東海大陸棚上與沿岸海域之海水生物與地球化學性質、食物網（Food web）、捕食食物鏈（Grazing food chain）、微生物環（Microbial loop）等，造成複雜的大陸棚海洋生態。（製圖：詹森）

沙塵暴

臺灣東部海域到西北太平洋
是海洋研究的樂園

梅雨鋒面降雨

中尺度反氣旋

次中尺度
過程

海面熱散失　　海面蒸發

海面風場

二氧化碳

近岸渦流區　　西方邊界流

流速剪切

流速剪切引起不穩定波與紊流

風浪及風浪引起的紊流

黑潮渦旋交互作用

渦旋與渦旋邊次中尺度過程交換

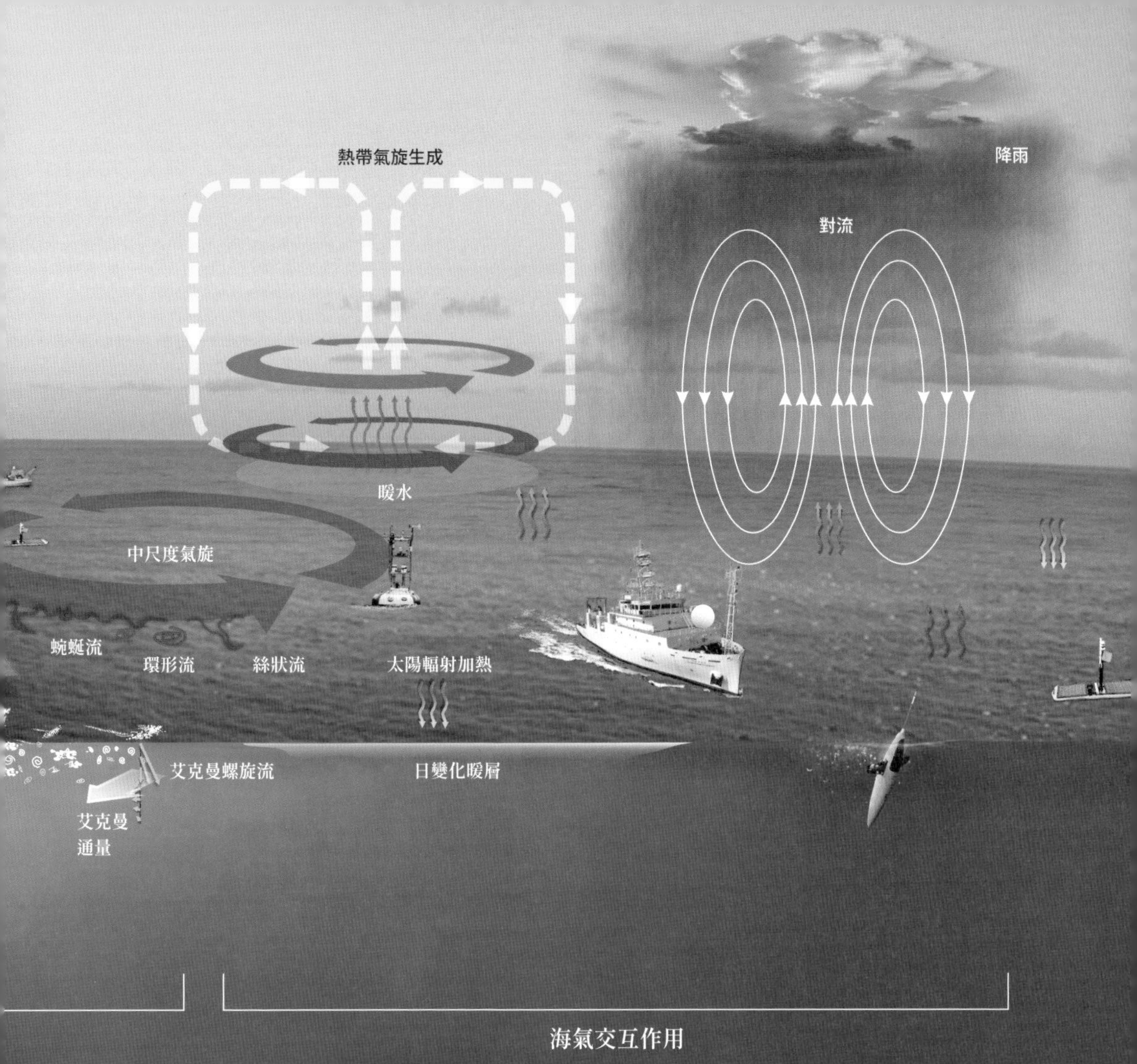

熱帶氣旋生成　　　　　　　　　　　降雨

對流

暖水

中尺度氣旋

蜿蜒流　　環形流　　絲狀流　　　太陽輻射加熱

艾克曼螺旋流　　　　　　　日變化暖層

艾克曼
通量

海氣交互作用

臺灣東邊除了黑潮由南而北經過，沿途經常與由東而西的順時針、逆時針渦旋發生互相影響，過程中也製造了許多小型渦流、側邊蜿蜒不穩定波動、絲狀流、紊流等。再往東一點廣大的西北太平洋上層海洋，到處充斥著中尺度渦旋，渦旋與渦旋交互作用產生次中尺度蜿蜒流、環形流、絲狀流等；風場製造表層海水之艾克曼通量、紊流混合、混合層深化現象；白天太陽輻射加熱表層海水，導致暖空氣上升，形成大氣對流、降雨，甚至形成熱帶氣旋，也有梅雨鋒面在臺灣附近帶來降水及大氣裡的沙塵降到海洋後，製造上層海洋的生地化變化之種種過程。

臺灣剛好處在研究這些現象及其背後動力機制的關鍵地理位置上，研究結果對了解全球海洋的海洋與大氣互動過程非常重要。(制圖·春杏)

黑潮沿線多樣化的海洋過程

黑潮一路北上，歷經海洋過程多樣性豐富的海域，包括內潮、非線性內波、內孤立波、黑潮、中到小尺度渦流、紊流、太陽對海面加溫造成海洋日暖層，颱風造成海洋上層混合降溫、產生慣性振盪波等。呂宋海峽裡，內潮不斷地橫貫黑潮，影響黑潮橫斷面等密面斜度，造成黑潮流速週期性的變動；反之，內潮穿過黑潮後，振幅與傳播的角度都會改變。黑潮過呂宋海峽從臺灣南端出來的角度如果偏向東北－東北東，則在臺東灣跟黑潮西側之間容易形成逆時針渦流，在臺東近岸發生南向反流。黑潮流過蘭嶼及綠島，在島嶼的背流側常發生一串順時針、逆時針旋轉交錯的「島嶼尾渦流」，跟臺東灣裡的逆時針渦旋一樣，渦流的中間都會產生比較顯著的垂直流，把浮游生物和

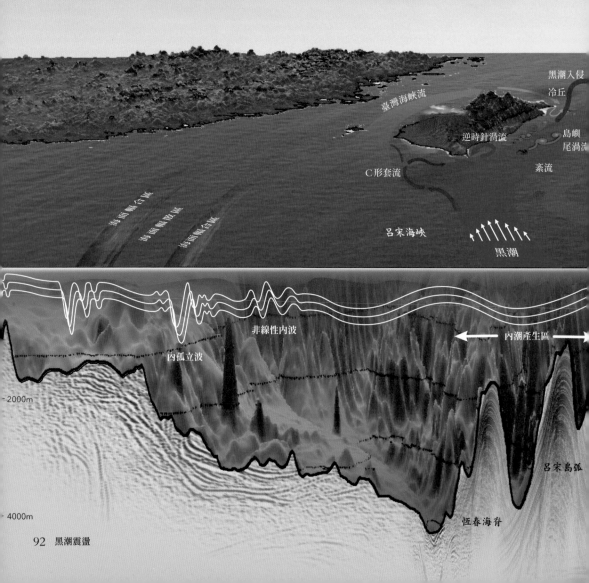

營養鹽推升到海洋上層，造成浮游植物增長、葉綠素濃度上升，透過食物鏈關係也能豐富當地漁業資源。

黑潮東側，每70到130天就會有中尺度順時針或逆時針的海洋渦旋，由東而西撞進、溶入黑潮，有時候是單獨一個，有時候又是一對渦旋撞進來。到了臺灣東北部海域，夏天的時候經常是從臺灣海峽流過來的水，把黑潮阻擋在大陸棚邊緣外；冬天則常有從長江口以南沿著大陸海岸南下的低溫、低鹽水盤據臺灣海峽北部，甚至從東北海域表層沉降到黑潮水下方，導致高溫、高鹽的黑潮表層水往北衝進東海南部大陸棚之上。

（製圖：詹森）

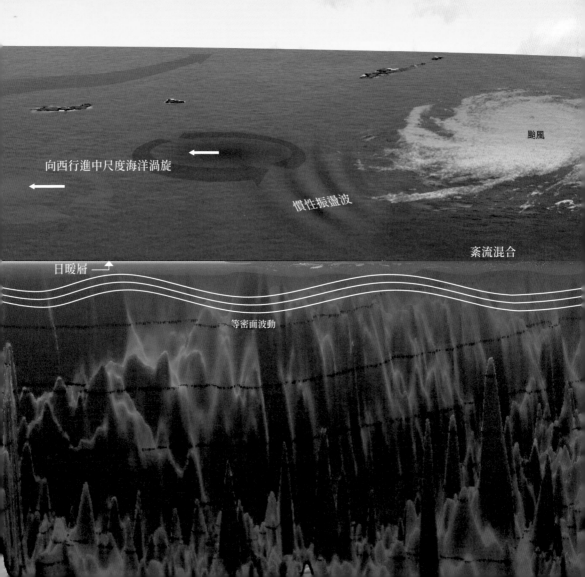

向西行進中尺度海洋渦旋

颱風

慣性振盪波

紊流混合

日暖層

等密面波動

颱風對黑潮是否有長期影響？為了探討全球變遷下颱風強度的演變趨勢對黑潮的干擾，一組研究人員[3]透過分析1993到2014年衛星遙測海面高度、由海面高度計算出的地轉流、颱風資料及海面風場資料等，研究黑潮從上游臺灣東部到下游日本西南方吐噶喇海峽之間的流量變化。結果發現，20年來在全球暖化下，黑潮流量減少，而從流量守恆的理論來看，上、下游流量減少的幅度應該一致；但資料分析結果卻顯示穿過吐噶喇海峽黑潮流量減小的程度竟然比上游臺灣東部小很多，表示兩個海域之間一定有什麼動力過程讓黑潮又加速了，以致下游流量減小的幅度相對很低。

　　研究團隊進一步分析發現在這20年間，跑到北太平洋西邊東亞、東北亞海域的颱風強度有增強的趨勢，颱風會把本身的逆時針方向渦度（氣旋渦度）注入到海洋渦旋，造成逆時針轉的海洋渦旋（氣旋）得到更多的氣旋渦度、長得更大；反之順時針轉的反氣旋渦旋則被削弱。愈來愈強的颱風也造成海洋逆時針轉比順時針轉的渦旋更大、更強，這些海洋渦旋會存著颱風注入的氣旋渦度向西移動，並且撞進黑潮，尤其逆時針轉的渦旋帶著更多的位渦度（位渦度異常增加）轉移給黑潮，導致黑潮加速。

　　整體說來，這套理論告訴我們1993到2014年間的全球暖化造成北太平洋西邊颱風變強了，颱風把自己產出的氣旋渦度加諸在海洋，藉著西行海洋渦旋增加對海洋的影響時間與效果，其中與颱風氣旋方向一致的海洋氣旋渦受的影響比反氣旋渦更顯著。當這些海洋渦旋撞到黑潮時，便把颱風變化帶來的位渦度異常效應灌進黑潮，長期下來，氣旋渦對北向海流的作用大過反氣旋渦，導致這20年間黑潮在臺灣東部到日本西南方之間加速。

3. 　Zhang, Yu, Zheng, Z., Chen, D., Qiu, B., and Wang, W. (2020). Strengthening of the Kuroshio current by intensifying tropical cyclones. *Science*, 368, 6494, 988-993. doi: 10.1126/science.aax5758

PART III

那些流經的繽紛——
黑潮隨行者：魚與人

立翅旗魚、黑皮旗魚及雨傘旗魚彷彿是跟臺灣東部有著約定，依照四季更迭，拜訪東部海域。

毛毛叔常說，現在的黑潮跟以前不一樣了。「我囡仔的時候，黑潮黑黑黑，幾乎要直接貫穿三仙臺，過三仙臺，進白守蓮煙仔嚳，爆網的鰹魚，幾十噸，跟一座小山一樣，從透早到深夜，處理不完……現在要出海很遠才會看到黑潮，而且經常散牙牙，看不太見。」

攝影：江偉全

CHAPTER 06

旗魚、鬼頭刀來了

日治時期，日本發現臺灣東部沿海漁場遍布，旗魚漁業資源豐富，日本又是水產業發達的國家，因此殖民地的水產業開發自然是重要政策之一。

漁場在哪兒？

1923年宜蘭縣蘇澳建港，日本大份縣漁民來臺灣鏢刺旗魚類，開創了臺灣的旗魚漁業。1932年臺東新港漁港竣港，漁業移民由當時的臺灣總督府所招募，計有來自沖繩縣、鹿兒島縣，神奈川縣、和歌山縣、千葉縣等多達15個縣的漁業移民，可謂盛況空前。

漁業移民所住的場所稱為「移民村」，位於1933年所建立的「漁業移民指導所」附近，漁業移民指導所即今日的水產試驗所東部漁業生物研究中心。

來自日本的漁業移民將鏢旗魚技術引進臺灣東部，漁撈技術與漁業文化亦傳遞至臺灣東部沿岸，因此，鏢旗魚成了日治末期臺東新港的重要漁業技術與文化。臺灣光復之後，漁民承襲了日本人的捕撈技術，不斷改良與精進，發展出各式各樣的地區性漁業特色，其中仍以鏢旗魚最為經典。

臺東外海及綠島周遭海域漁場名稱與地理位置

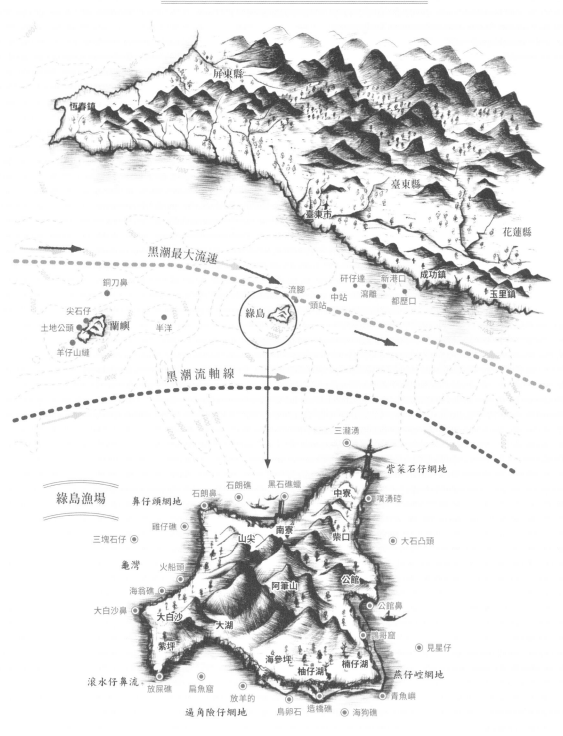

臺東縣自然與人文學會提供

黑潮流幅寬約100餘公里，平均流速每秒約1公尺，影響範圍從表層到水深1,000公尺。黑潮主軸距離臺灣東岸約40公里，流勢強弱與流幅寬窄變化大，與由東而西的海洋中尺度渦流撞到黑潮造成的擾動關係密切。在臺東東河外海與綠島之間，海底有一條海脊，黑潮流經此海域，受到海底地形起伏的海脊擾亂了流向，產生了渦流，有湧升流、下沉流以及北上的洋流，促使餌料生物在此聚集繁生，也使大洋性魚類在此滯留，跳躍、追逐及索餌。此處海面上白浪滔滔，孕育豐富的漁場資源，「滾滾黑潮」的海域就是各種旗魚漁場的所在。

　　這道海脊的所在海域，特別是海脊頂部200公尺深度以內的海域，即是臺東漁民長久以來所認知、俗稱「瀉離」的好漁場。魚類移動行為

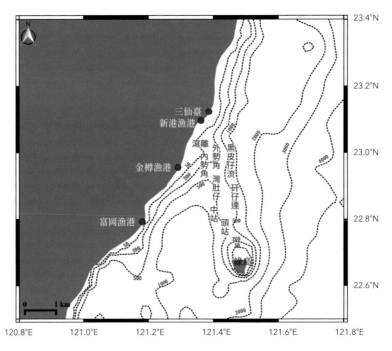

臺東東河外海與綠島間漁場與環境 (資料來源：陳憲明，1989；製圖：林憲忠)
漁場習稱依序為內勢角、外勢角、灣肚仔、外瀨、黑皮仔流、矸仔達、中站及頭站。

認識旗魚

旗魚類的長相十分特殊，前上顎骨與鼻骨聯合形成長而尖的吻骨延伸，加上游動時其尾鰭經常露出海面，低速漫游或停滯時會高舉背鰭展現威猛，猶如帆狀且光閃耀眼，堪稱是海中「旗」手，因此被稱為「旗魚」(billfish)。全世界目前紀錄有2科6屬12種旗魚，臺灣東部近海可漁獲的旗魚計有6種，包括劍旗魚 (swordfish，*Xiphias*

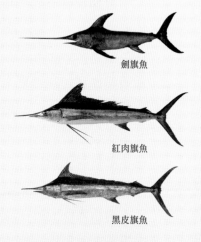

劍旗魚

紅肉旗魚

黑皮旗魚

黑皮旗魚(攝影：江偉全)

雨傘旗魚漫游(攝影：江偉全)

gladius)、紅肉旗魚 (striped marlin，*Kajikia audax*)、黑皮旗魚 (blue marlin，*Makaira nigricans*)、立翅旗魚 (black marlin，*Istiompax indica*)、雨傘旗魚 (sailfish，*Istiophorus platypterus*)、短吻四鰭旗魚 (shortbill spearfish，*Tetrapturus angustirostris*) 等。其中黑皮旗魚、雨傘旗魚及立翅旗魚彷彿是跟臺灣東部有著約定，依照四季更迭，拜訪臺灣東部海域。黑潮挾高溫及高流速源源不斷流經臺灣東部海域，而旗魚的來游似乎也與黑潮有密切相關。

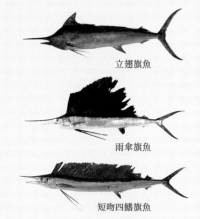

立翅旗魚

雨傘旗魚

短吻四鰭旗魚

受到生理耐受性或環境條件影響，會改變其移動行為。限制魚類分布的四個主要因素包括餌料取得、溫度、深度及溶氧濃度(Brill 1994)。就旗魚類而言，躍溫層(Thermocline)季節性的位置改變及低溶氧的區域，都會影響其棲地利用，而躍溫層的分層現象會使餌料聚集，旗魚棲息於該水層中可以有效利用餌料資源。

躍溫層是位於海面以下100到200公尺左右，溫度和密度有巨大變化的薄層水層，介於上層的薄暖水層與下層的厚冷水層之間，水溫在此會急劇下降。由於在開闊海域鹽度幾乎是穩定的，而壓力對密度只有很輕微的影響，因此溫度就成為影響海水密度的最重要因素。大洋表面的海水溫度較高，因此密度就比深處的冷水要小。溫度和密度在躍溫層發生迅速變化，上下層密度巨大的差異造成海水垂直混合困難，所以懸浮顆粒、餌料沉降到此不容易下去而聚集，使得躍溫層成為海洋生物以及海水環流的一個重要分界面。

漫游或停滯時的雨傘旗魚高舉背鰭展現威猛，猶如帆狀的背鰭光閃耀眼。(攝影：許紅虹)

1 鏢旗魚！

鏢旗魚漁法代代傳承，鏢旗魚團隊四季追尋著旗魚的蹤跡，靠著眼力巡視著四面大海，銳利的眼色總期盼見到旗魚在大海中揚鰭劃過水面的雄姿。鏢旗魚漁法作業所能鏢刺的魚種包含著各種大型表層洄游性魚種，其中雖以旗魚類為主，大洋性鯊魚、魟類及翻車魚等亦可漁獲。

狹長型的船身、船頭獨特延伸配置的鏢魚檯，以及露天甲板操作舵把，這些是東部鏢旗魚漁船的特徵。鏢魚檯延伸出船頭約3至5公尺，距離海面的高度達一層樓高。主鏢手由船長擔任，鏢魚時站立於鏢檯右方，又稱正鏢；副鏢手站在左方，又稱為左鏢，指揮手半蹲式的站立於左右鏢手後方，用左右雙手揮舞的方式指揮著掌舵手追逐旗魚的方向與速度緩急。

鏢魚檯延伸出船頭約3至5公尺，距離海面的高度達一層樓高。(攝影：江偉全)

主鏢手鏢魚時站立於鏢檯右方，又稱正鏢；副鏢手站在左方，又稱為左鏢。指揮手半蹲式的站立於左右鏢手後方。（攝影：江偉全）

　　鏢手站上鏢檯是經年累月磨練而來，通常必須由船上最低階的煮飯漁工開始磨練，接著學習看旗魚背鰭或尾鰭蹤跡，然後再學習站上鏢臺當指揮手，最後才能當上副鏢手，等到當上船長或自己擁有漁船時，才能成爲正鏢手。

　　鏢手舉起由純手工打造長達18呎（5.4公尺）、重達約6公斤的鏢竿，代表的是榮耀與責任。主鏢手（俗稱正鏢）經常由船長擔任，鏢魚時站立於鏢檯右方，副鏢手（俗稱左鏢）站在左方，正鏢鏢出若未射中，副鏢才可以出鏢。當旗魚的尾鰭在海浪峰頂出現時，在鏢旗魚檯及瞭望臺上的人，從很遠的距離之外，就可用肉眼察覺出來。當旗魚在海浪的峰頂與谷底之間游動，尾鰭一現一隱的連續互換揮動，或是在不同水色間快速移動，察覺的船員一方面除了嘶聲吶喊，也會用手指出尾鰭的方向，隨後所有的船員全部會鎖定這尾旗魚的游向，喊叫聲隨著旗魚的隱沒及出現，此起彼落，動魄驚心。

　　老練的船長在每年旗魚季節還未開始前，即已找好鏢旗魚團隊的船員；相對優秀的船員能獲得船長賞識，甚至享有更高的利益與分紅。因此，船長找船員、船員找船，總在鏢旗魚漁船的成員間不斷的重組，

海面上發現旗魚蹤影
(攝影：江偉全)

甚至在漁期時期仍有更換船員的現象，以組成最佳的鏢旗魚團隊。

在大海中鏢刺旗魚，是鏢旗魚團隊的默契表現，因此鏢刺旗魚的技術、力道與準度、旗魚被鏢中後纏鬥的力道、水面的跳躍情景、奮力的追獵與搏鬥過程等，每一次皆深深烙印在團隊成員的心中。返港後的船員小酌，或是茶餘飯後的聚會，無不談論海上的戰浪驚「旗」過程，一年四季總未曾間斷。

由於鏢旗魚是具永續海洋特點的獨特技法，技術來自日本漁業移民，接續臺東附近城鎮漁民加入，或為季節性，或為移民而來定居新港，構築形成了新港鏢旗魚產業，共同創造了鏢旗魚文化。漁民會用到的鏢旗魚知識類別，可歸納為捕魚技術(獵魚技術、駕船技術之類)、應對自然的知識（確定漁場或天候觀測技等），甚至是超自然知識(如唸咒、改運的技術等)，2019年文化部將「臺東新港鏢旗魚」登錄為國家無形文化資產(https://nchdb.boch.gov.tw/indigenous/assets/advanceSearch/tkp/20191220000004)。

以往標識放流研究的標放魚體多半來自曳繩釣及定置網所得的漁獲，但因漁撈捕捉過程不免對魚體造成傷害，所以經常發生試驗魚在標識後不久即告死亡的情形。有別於前，現今利用傳統的鏢旗魚漁法，直接將衛星標識紀錄器鏢置於旗魚魚體上，可使魚體傷害降至最低。

臺東新港籍鏢旗魚漁船作業除了10到11月期間會短暫在花蓮石梯港附近海域之外，主要漁場位置在臺東東河外海與綠島間，一片「滾滾」黑潮的海域。

彈脫型衛星標識紀錄器
（pop up satellite archival tag, PSAT）

傳統的鏢旗魚漁法，可直接將PSAT鏢置於旗魚魚體，降低對魚體的傷害。PSAT搭載溫度及壓力感應器，記錄被標識個體棲息的水溫與深度，並搭配光度感應器來解析地理位置。這些結果除可解析標識旗魚之生態習性與洄游移動行為特徵，補足資源評估模式建構之參數缺口；亦是管理策略擬定之重要科學依據，且漁民也參與了漁業科學研究，將可達到旗魚漁業資源永續利用之目標。

PSAT配置圖

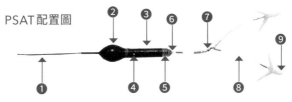

1.天線　　　　　　4.磁鐵開關閥　　　　7.旋轉環（減低標頭對肌肉的拉扯）
2.浮體及壓力感受器　5.光度感受器　　　　8.碳氟化合線材與不鏽鋼線夾
3.溫度感受器　　　　6.電解分離連接環　　9.雙翅形尼龍製鏢頭

將傳統鏢旗魚漁法使用之三叉魚鏢，修改為雙叉型，PSAT配置於鏢竿上，水產試驗所委由資深鏢旗魚團隊將PSAT直接鏢置於魚體背部。PSAT標識器無須取回，而是透過法國Argos衛星系統傳送資料。因此PSAT尾端設有自動釋放裝置（電解分離連接環），釋放彈脫機制之條件包括：1、到達初始設定的日期（如1到12月）；2、保持恆定深度（當PSAT感應深度變化在±3公尺時將視為恆定深度〔恆壓〕）；3、下潛深度超過1,300公尺。當PSAT達到其一條件時，釋放裝置的環狀針腳（bin）

便會發出熱能，溶斷（腐蝕）解放連接PSAT之間的繫繩，使標識器從魚體脫離，上浮至海洋表面，標識器將記錄之棲息水溫、深度及地理位置資料透過法國Argos衛星系統傳送給研究者。

2 黑潮上的毛毛叔和鏢旗魚現場

　　現年76歲（1947年出生）的毛毛叔（本名任新木），是鏢旗魚漁船上的煮飯仔（廚工）兼當比魚仔（指揮手）。年幼時因為個頭嬌小討喜，街坊鄰居都稱他為桃太郎（ももたろう，Momotaro），長大後，大家叫他毛毛桑（Momo san）。2010年加入龍漁發6號鏢旗魚漁船團隊時，已年逾60，所以團隊成員皆尊稱他毛毛叔。

　　毛毛叔在非鏢旗魚季節期間，是在屏東後壁湖海鮮餐廳擔任幫廚，也負責處理宰殺清洗魚貨及碗盤清潔等工作。每到秋風吹起的中秋時節，就回到故鄉新港，加入好友陳永福船長的龍漁發6號鏢旗魚團隊。

　　由於現在冬季鏢旗魚漁船上成員約4到5人，不若以往動輒8到10人，因此毛毛叔常要兼任多項工作。煮飯仔是最基層的工作，而指揮手是準備要接任左鏢手的儲訓船員，通常擁有相當出色的眼色找尋旗魚，甚至是鏢旗魚漁船鎖定旗魚後，全速追擊跟監旗魚及指揮鏢旗魚漁船方向與速度的重要關鍵人物。

　　一般的漁法作業船隻（延繩釣、一支釣或是流刺網）是按月支付固定薪資，鏢旗魚船隊則是以分紅制度支付工資，扣除船隻基本開銷之外，依照擔任的職務不

毛毛叔擔任龍漁發6號鏢旗魚團隊煮飯仔。（攝影：洪曉敏）

同,有不同的薪資給付。煮飯仔雖是基層工作,但船長會有另外的紅利津貼,犒賞辛勞。毛毛叔的海鮮餐廳二廚經歷,總是讓龍漁發6號團隊的伙食有別於其他鏢旗魚漁船,豐富多樣、色香味俱全,令鄰船羨慕不已。

龍漁發6號鏢旗魚團隊雨天邊吃飯邊看魚。
(攝影:洪曉敏)

　　鏢旗魚漁船的中餐時間,船員們全部下瞭望臺及鏢旗魚檯,到船屋後方吃飯,冬季的海況總是把雨水與海水配入碗中。通常此時就是潮汐要改變前的片段時刻,因此大夥嘴巴裡吃著佳餚,眼睛卻要四處警戒觀望,因為常常在這個時候旗魚就會上浮竄動。一有魚況出現,大聲喊吶的同時也顧不得鍋碗瓢盆齊飛,大夥立即回到各自崗位,追鏢旗魚。

　　毛毛叔常說到,現在的黑潮跟以前都不一樣了。「我囡仔的時候,黑潮黑黑黑,幾乎要直接貫穿三仙臺,過三仙臺,進白守蓮煙仔晉,爆網的鰹魚,幾十頓,跟一座小山一樣,從早到深夜,處理不完。我年輕跟人出海討海,一出港門,就有旗魚可以鏢,黑潮青青青。現在要出海很遠才會看到黑潮,而且經常散牙牙,看不太見。」

　　毛毛叔雖然是鏢旗魚漁船上的煮飯仔,卻常拿著鍋鏟,在船後吶喊、指比旗魚。在每一個鏢旗魚漁季結束時,鏢旗魚漁船會統計每位船員「目擊」旗魚的尾數,這是另一筆獎金(旗魚尾梢錢)分發的依據,毛毛叔經常名列前茅,不輸其他年輕船員。

　　在返港的航程上問毛毛叔,想鏢旗魚到何時才要退役上岸,他總是說,就一直做到眼睛無法看旗魚,無法度看到旗魚尾梢,船長就不用他上船囉。

毛毛叔（圖中）在龍漁發6號鏢旗魚漁船擔任比魚仔（指揮手），右側是正鏢手（陳永福船長），左側則是左鏢手（許輝吉先生）。右前方有出現立翅旗魚尾梢。（攝影：江偉全、洪曉敏）

毛毛叔在龍漁發6號鏢旗魚船上望著家鄉新港。（攝影：洪曉敏）

3 追魚記一：黑潮旗跡

每年冬季11到12月東北季風一來，就是鏢旗魚最盛的季節，主要漁獲對象為立翅旗魚。

為了進行旗魚類與黑潮生態研究，水產試驗所運用鏢旗魚傳統作業漁法，委請資深鏢旗魚團隊（龍漁發6號陳永福船長鏢旗魚團隊）將衛星標識紀錄器鏢置於旗魚背部，追蹤個體進行科學紀錄與分析。

2010年，臺東三仙臺定置網海域所進行的雨傘旗魚標識放流試驗研究陸續完成。研究團隊在時任北太平洋鮪類及類鮪類國際科學委員會（ISC）主席Dr. Gerard DiNardo、臺

水產試驗所
標識放流計畫logo

此logo由水試所東部中心同仁洪曉敏先生設計，為臺灣首次執行國際合作型標放流試驗，主要針對大洋性魚類配置衛星標識器及號碼籤，其中尤以鮪旗魚類備受國際漁業管理組織所重視。

大海洋所孫志陸教授（ISC副主席）及水產試驗所蘇偉成所長及東部中心陳文義主任的大力支持下，踏上黑潮偉大的航道，追風戰浪，持續執行臺美漁業科學研究旗魚類國際合作型標識放流計畫。

冬來立翅旗魚

2008至2012年總計於9尾立翅旗魚魚體配置了衛星標識器，記錄其棲息環境深度、溫度和光照度。標識器鏢置於魚體之記錄天數為10～360天，所標識之立翅旗魚於標放後無死亡率發生。從標識至彈脫上浮位置的直線移動距離為604～1,265公里，平均速度為每天3.4～70.5公里。

推估可能的移動路徑（Most probable track, MPT）結果顯示，立翅旗魚有明顯的季節性洄游特徵，牠有兩種洄游習性：1，春夏二季順著黑潮

往北洄游至東海；2，冬季則近岸順著沿岸流與黑潮，靠著岸緣南下經過臺灣南端，洄游進入南海。

　　立翅旗棲息深度範圍為 0 至 258 公尺，水溫範圍為 8.5°C 至 30.3°C，主要棲息於躍溫層以上海域。白天與夜晚棲息深度具顯著差異。立翅旗魚白天主要棲息於 50 公尺以上淺水層，並有日曬行為（棲息於表層）特性，而夜間則幾乎棲息於接近表水層，表水層通常是指 10 公尺以上的淺水層。

　　棲息深度範圍的水溫變化幾乎限制於 8°C 的差異範圍（△SST 分析。△SST 通常是下潛時的溫度與 10 公尺以上的淺水層的溫度差異。）

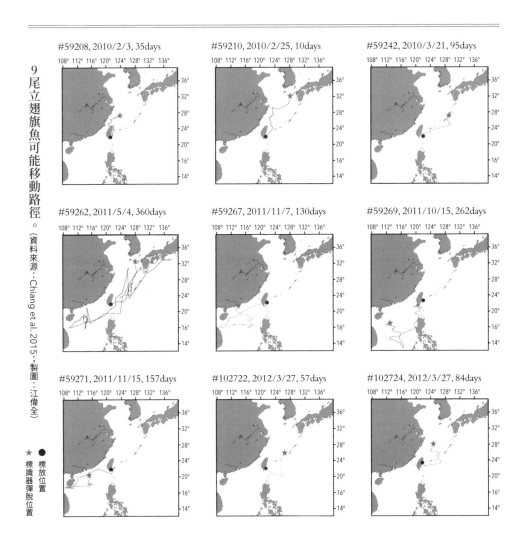

9 尾立翅旗魚可能移動路徑。（資料來源：Chiang et al. 2015；製圖：江偉全）

● 標放位置
★ 標識器彈脫位置

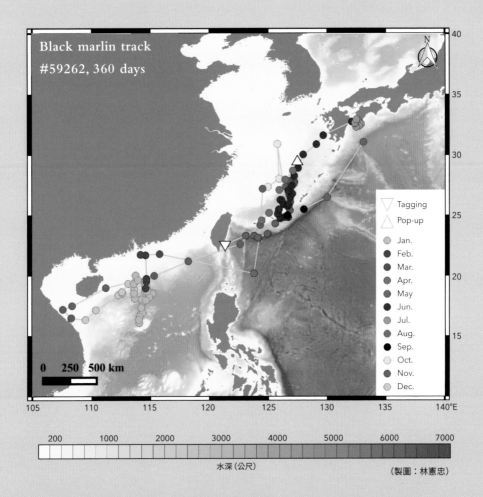

立翅旗魚編號 #59262 可能的移動路徑（標放位置▽；標識器彈脫位置△）

編號 #59262 的立翅旗魚（180kg）於 2011 年 5 月 4 日標識，360 天後標識器於日本奄美大島海域彈脫魚體（如設定期限 12 個月），洄游路徑皆有完整豐碩的紀錄。

2011 年 5 月於臺灣東部標識野放後，5 到 6 月順著黑潮往北，經過東海進入日本九州海域，7 月至日本四國島外海域，8-10 月逆行黑潮南下至日本沖繩附近海域，11 月經過臺灣東部海域進入南海，12 月到翌年 2012 年 3 月棲息於南海，4 月又從南海離開，再度經過臺灣東部海域順著黑潮往北，5 月再經沖繩抵達奄美大島海域，創下歷史性的紀錄，完整記錄立翅旗魚一整年的季節性洄游生態習性。

冬季是臺灣東部立翅旗魚的主要盛漁期，大量游經臺灣東部之立翅旗魚前往南海，也證實先前研究指出南海為立翅旗魚的熱點之一 (Domeier and Speare 2012)。由其他旗魚類的標識放流研究結果顯示，旗魚類的洄游習性與研究海域的海洋環境及水文結構有顯著性關係，但立翅旗魚大量洄游至南海，是攝食洄游或是產卵洄游，原因仍需要進一步探討。

春分報到黑皮旗魚

　　自2010年2月至2014年5月間，共計標識14尾黑皮旗魚，記錄27～360天的移動資料。自標識地點至標識器彈脫位置之直線移動距離為73～3,759公里。黑皮旗魚未如立翅旗魚具有季節性洄游移動習性，但移動範圍廣闊，涵蓋西北太平洋、東海與南海，顯示黑皮旗魚擁有高度變動的移動模式。

　　歷經海域之表水溫廣泛，由22℃～30℃海域皆可見其蹤影。經由海表面溫度異常分析顯示，黑皮旗魚大部分的時間主要活動於表層混合層內，垂直移動似乎受到小於8℃的溫度變化之限制。

　　混合層是海水從表面到大約25～150公尺的深度範圍。由於波浪的作用使海水混合均勻，水溫與海表面的水溫相近。混合層溫度與厚度會隨季節而改變。

　　黑皮旗魚移動行為在個體間及季節間變異大，雖尚未發現與黑潮之關聯性，但牠們有很長的時間棲息於黑潮流域內，目前紀錄有時長達1到8月。近年來氣候變遷使海洋缺氧區擴張，大洋性魚類活動集中於含氧之表層。

　　氣候預報模式的結果顯示全球暖化將導致海中含氧量減少，這也是氣候變遷長期下來，對人類生活不容忽視的衝擊之一。根據洛塔爾‧斯特拉馬 (Lothar Stramma) 等人的研究 (Stramma et al. 2008)，5、60年來在

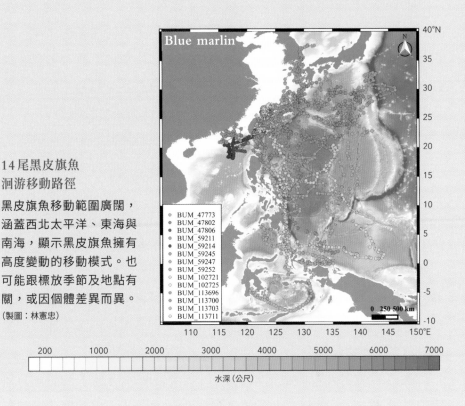

14尾黑皮旗魚
洄游移動路徑

黑皮旗魚移動範圍廣闊，
涵蓋西北太平洋、東海與
南海，顯示黑皮旗魚擁有
高度變動的移動模式。也
可能跟標放季節及地點有
關，或因個體差異而異。

（製圖：林憲忠）

幾個特定熱帶海域，如大西洋東部及太平洋赤道海區的溶氧濃度垂直
變化顯示，平常大約在深度300到700公尺之間的海洋中層低濃度溶
氧（即濃度極小）層（Oxygen Minimum Zone，OMZ）的含氧量以每年每公斤
海水0.09到0.34微莫耳（micromole）的速率持續降低，且正在向上層海
洋擴大地盤。所以海洋缺氧（Hypoxia）已經是現在進行式了，而缺氧範
圍擴大，衍生對大型魚類如旗魚、鮪魚的影響不容小覷。

　　斯特拉馬等人進一步指出（Stramma et al. 2012），大型魚類不管是成
長或游泳都需要有足夠濃度的溶氧在海水裡，碰到溶氧濃度低或缺氧
的海洋環境，除非游走避開那海域，免得生存受到威脅；而不管是游
走、改換棲息環境或死亡，都會影響整個海洋生態系的平衡。

全球暖化下，溶氧含量極低的缺氧層向上層海洋擴張的結果，會把旗魚及鮪魚的棲息範圍限縮到上層海洋，造成擁擠、食物不足等問題，這些魚若待在溶氧濃度不足的海裡，也會發生免疫力下降、對疾病反應的敏感性上升等問題，這些因素都可能造成族群量減少。

至於黑潮經過的海域溶氧的垂直變化，從黑潮觀測至今累積的11年資料來看，還看不出顯著的變化，對於游到這附近海域活動的大型魚類種類、數量等有無影響，也尚不得而知。

黑皮旗魚的標識放流研究中亦發現，在2010年反聖嬰 (La Niña) 現象期間，黑皮旗魚的活動似乎受到限制。2010至2013年間，赤道東中太平洋海表層水溫較高時，黑皮旗魚出現獨特的棲息模式 (跨越赤道)，並於2014年進行了跨越赤道的移動，且棲息於沿岸海域，因此推測聖嬰−南方震盪現象 (ENSO) 所造成的水溫異常影響黑皮旗魚空間尺度的移動行為及棲地利用。

黑皮旗魚白天主要棲息於50公尺之混合層內活動，然而夜間似乎棲息於海表層。彙整東太平洋海域水深50公尺之溶氧濃度分布圖發現，黑皮旗魚在2010～2012年期間分布在溶氧濃度為3.6mg／mL海

聖嬰 vs. 反聖嬰 vs. 聖嬰—南方震盪現象

聖嬰現象為「東太平洋升溫階段」，周期可持續2到7年 (通常接近4年)，此期西太平洋的氣壓較高、東太平洋的氣壓較低，降雨多發生在9至11月期間。與聖嬰現象相對的「東太平洋降溫階段」的現象，稱為拉尼娜現象 (西班牙語：La Niña，直譯為「女孩」)，臺灣譯作反聖嬰現象。此期東太平洋的海面溫度低於平均值、西太平洋的氣壓較低、東太平洋的氣壓較高。近代則將上述兩現象以及南方震盪現象合併稱為聖嬰-南方震盪現象 (El Niño-Southern Oscillation，簡稱ENSO)。

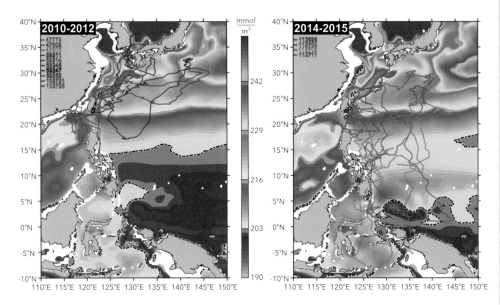

2010～2015年黑皮旗魚跨越赤道移動分布

非聖嬰年（2010, 2011, 2012）期間以及聖嬰年（2014-2015）期間黑皮旗魚的移動分布與水面下50公尺溶氧量的關係。

黑色虛線代表水深50公尺溶氧量203mmol/m³（≒3.6 mg/mL）等值線（mmol／m³是毫莫耳／立方公尺）(資料來源：World Ocean Atlas，製圖：郭天俠)

域，北緯15°以北範圍；但在2014～2015年期間，溶氧濃度爲3.6mg／mL海域範圍往南至南緯5°之海域，黑皮旗魚分布亦跟著往南延伸至此海域。這項研究將是首次記錄熱帶西太平洋缺氧區域對於旗魚類垂直棲地壓縮之紀錄，溫度和溶氧是影響棲地分布之重要因素。

　　氣候變動使海洋缺氧區的擴張，使大洋性魚類集中於含氧之表層，但廣大的缺氧區和漁業將如何相互作用影響西太平洋的黑皮旗魚棲息分布，仍是個熱門研究議題。

炎夏揚旗雨傘旗魚

　　每年3、4月在飛魚及鬼頭刀魚汛之後抵達臺灣東部海域的是雨傘旗魚，最盛的漁期在端午節前後。雨傘旗魚常會成群出現且會結群圍捕小型大洋性表層魚類（鰹類或鰺魚），但對於餌料種類並無選擇性。在大洋或沿近岸棲息或活動時，攝食表層洄游性魚類，有時也會下潛攝食底棲性或深海魚類及頭足類，屬機會攝食者。由生殖生物學研究結果亦發現，盛漁期之個體有多數均為已達性成熟之魚體，顯示臺灣東部是雨傘旗魚的攝食場、也是產卵海域之一。

夏季雨傘旗魚跳躍(攝影：洪曉敏)

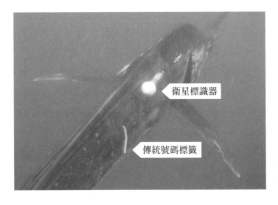

衛星標識器

傳統號碼標籤

雨傘旗魚配置衛星標識器記錄棲息
環境資料與地理位置(製圖：江偉全)

　　2008年在臺灣東部海域利用定置網漁法，針對定置網所漁獲的3
尾雨傘旗魚活體，配置衛星標識紀錄器後野放。牠們分別經歷27天、
32天及31天後，標識器彈脫魚體的位置皆在東海。編號PAST A雨傘
旗魚，由於標識器感光元件有誤，沒能回傳訊息，因此無法分析移動
路線，但彈脫點位置接近日本鹿兒島，直線移動水平直線距離達1,050
公里(平均39公里／天)；編號PAST B雨傘旗魚，順著黑潮往北洄游至韓
國濟州島南方海域又游回日本沖繩島附近海域，標識器彈脫點位置水
平直線距離達1,400公里(平均44公里／天)；編號PAST C雨傘旗魚，亦
順著黑潮往北洄游至日本沖繩島附近海域棲息，又循著黑潮往北至奄
美大島西側海域，衛星標識器彈脫點位置水平直線距離達1,240公里
(平均40公里／天)。

　　此研究結果顯示，臺灣東部盛漁期之雨傘旗魚順著黑潮往北，朝
東海及日本九州海域洄游。由標識器記錄的棲息溫度與深度資料顯示，
雨傘旗魚偏好棲息在躍溫層之上。

　　根據日本長崎大學提供的鹿兒島雨傘旗魚漁獲資料亦顯示，鹿兒
島之雨傘旗魚盛漁期在9月(秋天)，也就是緊接在臺灣東部(5-7月)之
後，同時鹿兒島的雨傘旗魚漁獲量是全日本第一，在鹿兒島雨傘旗魚
亦稱之為「秋太郎」(Akitaro)，魚體都達2公尺以上，生魚片相當肥美，
不輸黑鮪的Toro，是秋天的限定海鮮。

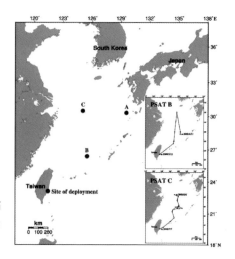

3尾雨傘旗魚標識放流位置、標識器彈脫點
及洄游移動路徑（資料來源：Chiang et al. 2015；
製圖：江偉全）

　　雨傘旗魚順著黑潮游經臺灣東部海域，未做太多停留就持續往北，經過日本沖繩及奄美大島海域，抵達日本九州南部。而抵達九州後往何處去？我曾於2015年及2016年秋天前往鹿兒島笠沙定置網漁場，預計延續雨傘旗魚的標識放流試驗，但皆未順利捕撈到雨傘旗魚活體，只能期待未來有機會進行，以建構西北太平洋雨傘旗魚洄游分布全貌。

　　由立翅旗魚、黑皮旗魚及雨傘旗魚的標識放流研究顯示，這些旗魚類棲息深度皆在與表水溫相差8°C範圍以內，且都偏好棲息於躍溫層以上水層，躍溫層下方之寒冷缺氧的環境將限制旗魚類的棲地利用。這些旗魚類都偏好溫暖的海域，與高溫的黑潮息息相關。

　　旗魚類游泳速度快，可在流速快的黑潮流域中穿梭，但順流與逆流的時機與來游機制及在黑潮流域中的空間分配與競爭仍有待探討。旗魚類擁有血管逆流熱交換系統（vascular countercurrent heat exchange）可以讓眼睛與腦部保持一定溫度（Block et al. 1986），而經常持續性地在短時間內下潛的行為也是旗魚類的生態特徵之一，推測與掠食行為或逃避被捕食有關。他們的天敵是齒鯨類或是較大型的大洋性鯊魚及旗魚等。無論如何，相關的海洋環境因子及旗魚類行為特徵解析仍須持續進行下去。

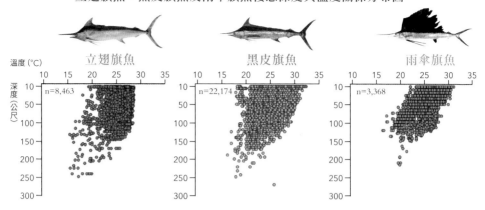

立翅旗魚、黑皮旗魚及雨傘旗魚棲息深度與溫度關係分布圖

立翅旗魚、黑皮旗魚及雨傘旗魚

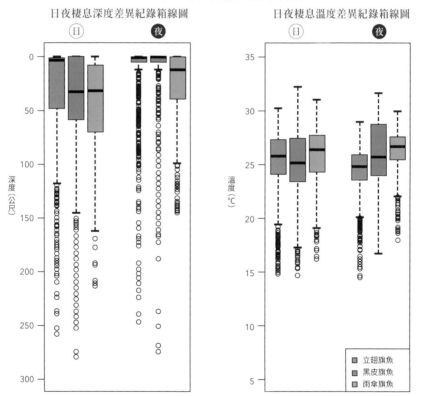

箱線圖（box-and-whisker plot）是一種用作顯示一組數據分散情況資料的統計圖，可用來了解資料的偏斜性（skewness）及離群值（outliers）。

上圖中每個箱子的上端為統計上 75% 的深度或溫度紀錄值，下端為 25% 的深度或溫度紀錄值，即有 50% 的紀錄值落在箱子對應的深度或溫度範圍內；箱子中的黑橫線對應深度或溫度紀錄值的中位數；箱子上方跟底下的短橫線分別是紀錄到的最大與最小值；白圈為不列入統計的離群值。（製圖：林憲忠）

立翅旗魚、黑皮旗魚及雨傘旗魚棲息深度與溫度分布圖

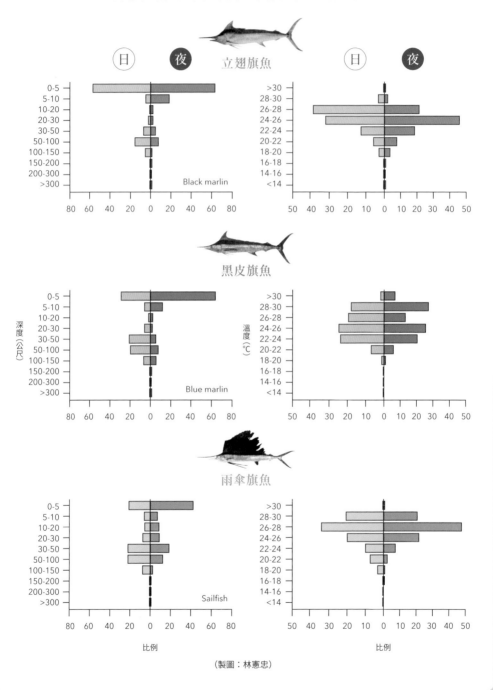

（製圖：林憲忠）

立翅旗魚、黑皮旗魚及雨傘旗魚白天與夜晚棲息深度與溫度之熱點圖

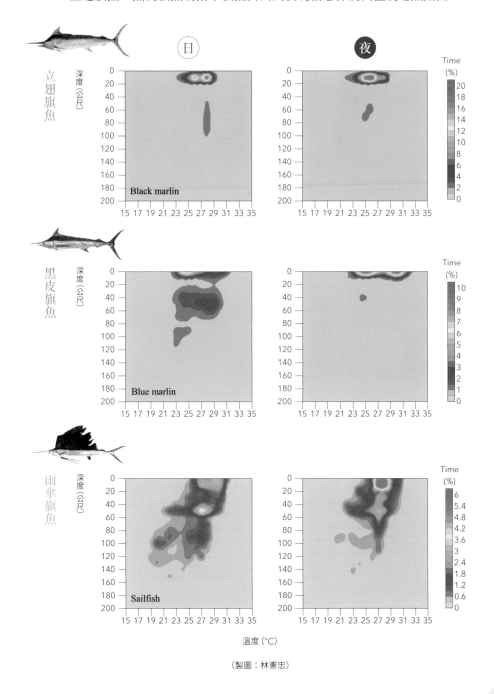

（製圖：林憲忠）

臺灣東部新港海域立翅旗魚、黑皮旗魚及雨傘旗魚的盛漁期分布

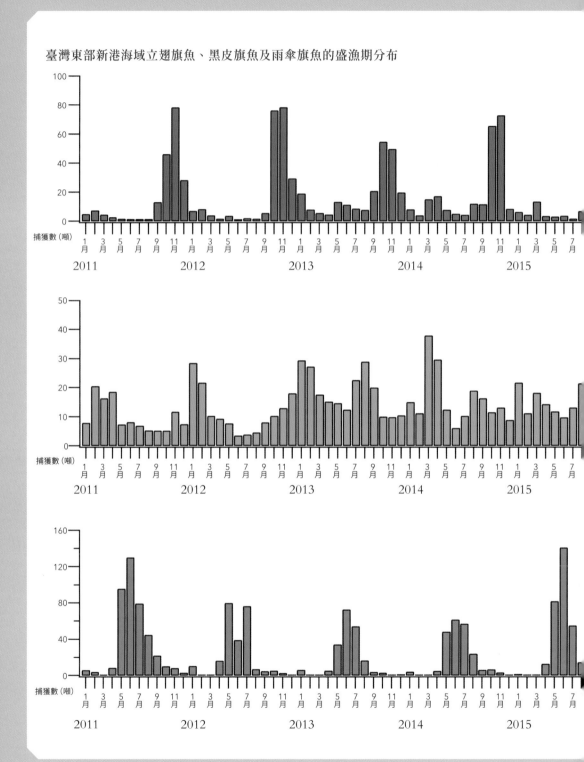

（製圖：林憲忠，資料來源：臺東縣新港區漁會）

冬季，立翅旗魚

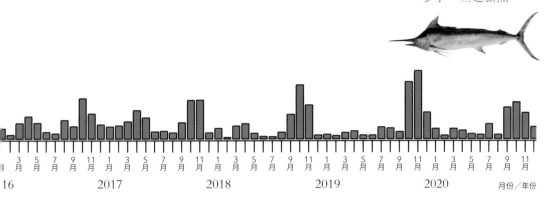

春季，黑皮旗魚

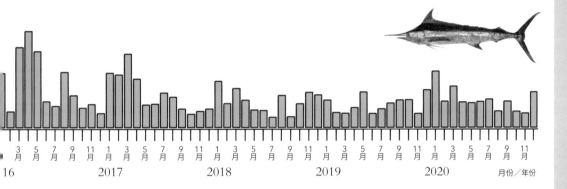

夏季，雨傘旗魚

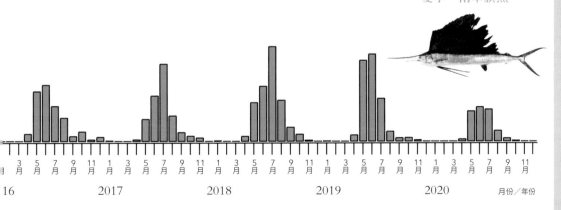

養大新港人的鬼頭刀——
臺灣第一個執行漁業改進計畫且登錄國際網站的魚種

鬼頭刀在臺灣不算是高級魚種，像鮪旗魚類等每公斤可達200元以上，鬼頭刀最高僅達100多元；但由於漁獲量大，在臺灣的平均年漁獲量可高達1萬公噸，產量約占總漁獲產量的7%～10%左右，且呈現逐年增加的趨勢，因此2016年之後，鬼頭刀愈來愈受到重視，特別是東部（宜花東）海域。

鬼頭刀漁獲以外銷為主，其中尤以美國市場為大宗，占臺灣鬼頭刀出口量80%以上，年平均出口產值約高達新臺幣20億元，堪稱黃金魚種。近年來，國際消費市場對於可永續利用及負責任之海洋漁撈水產品的需求日益增加，為了協助達成在穩定供應以及海洋資源保護間取得永續水產品的認證，海洋管理委員會（Marine Stewardship Council，簡稱MSC）成為目前全球最重要的推動者之一。然而，由於許多漁業尚未能符合MSC的標準，因此世界自然基金會（World Wildlife Fund，簡稱WWF）依據MSC之認證規範，公布了一套漁業改進計畫（Fishery Improvement Project，簡稱FIP）的指導方針，所以在MSC標準下，WWF將其各種指標量化，讓漁民與相關組織比較容易自我評估與改進，建立多方利害關係者的結構方法，主要希望解決漁業對環境之衝擊，並利用市場力量來激勵改變。

永續漁業夥伴（Sustainable Fisheries Partnership，簡稱SFP）檢視太平洋海域鬼頭刀之漁業與資源狀況指出，該物種於太平洋海域之資源目前處於良好狀態，然而其

鬼頭刀英文名為common dolphinfish，在夏威夷稱mahi-mahi，表示壯碩之意，因體色以黃色為主，因此西班牙語則以黃金之意思dorado稱之。

雄魚

雌魚

鬼頭刀是東部（宜花東）海域重要經濟性漁獲之一（攝影：江偉全）

資源狀態同時存在著高度的不確定性。不穩定性的原因很多，包括氣候變遷或是爆量的漁獲量、努力量，對於資源的衝擊過大。目前太平洋鬼頭刀漁業已有國家進行漁業管理，且有少數國家參與執行FIP，而臺灣於中西太平洋延繩釣漁業則被列入需要參與執行FIP的國家之一。這些漁業通常要做嚴密的監測，雖然一方面漁業發展可能受到牽制，但另一方面自主式及責任性的漁業管理也是未來的主流。

臺灣自2014年由臺東縣新港區漁會及產業界之利益相關者開始建立新港鬼頭刀FIP後，於2015年正式登錄FisheryProgress.org網站，為臺灣首項執行漁業改進之魚種，而宜蘭縣蘇澳區漁會及屏東縣東港區漁會亦於2017年加入此FIP之行列。FIP內容為制訂具有明確可測量指標及相關預算的漁業工作計畫，參與者須據以逐年改進。工作計畫制定的依據和內容須有科學研究之數據。為順利取得FIP認證，確保美國外銷市場通路，海洋大學王勝平教授研究團隊與水產試驗所持續進行鬼頭刀族群及資源科學研究調查分析工作，以檢視鬼頭刀資源之變動趨勢，這些資料成為提供FIP科研工作之重要佐證依據。

鬼頭刀持續以高價外銷歐美市場。近年來，平均價格每公斤為80到100元，生產地的漁獲量年產值達1至2億元（宜蘭及屏東也都是鬼頭刀漁獲的重要地區），「鬼頭刀養大很多新港人」——這話一點也不誇張。

4 追魚記二：黃金鬼頭刀

　　鬼頭刀為雌雄雙型性 (sexual dimorphism) 之物種，主要表現於額頭部形狀，雌魚前額緩和流線型，雄魚額頭陡峭，具有生活史短、成長快、性成熟早及高生產力之物種特性，由其胃內含物分析顯示，鬼頭刀攝食未有專一性，其中大洋性魚類如玉筋魚、飛魚及眼眶魚與頭足類為其主要攝食對象，季節間亦具有顯著差異。

　　因此，由食物階層動態似乎看不出其來游機制。魚類洄游類型主要有產卵洄游、攝食洄游及適溫洄游等三種，但也經常會出現混合的機制，鬼頭刀目前仍無法確認是哪種型態。海洋環境物理因子驅動性是值得深入探究之重要課題，因此，水產試驗所與海洋大學以及日本長崎大學共同執行鬼頭刀國際合作型標識放流試驗研究，以探索臺灣東部海域鬼頭刀的季節性移動行為特徵、分布及溫度區位。

　　鬼頭刀經常出現短暫下潛移動模式，可區分為表層下潛模式、V型下潛模式及 W 型下潛模式。表層下潛模式發生於黎明、白天及黃昏期間，而 V 及 W 型的下潛模式則發生於夜間。整體來說，鬼頭刀夜間

(攝影：江偉全)

黃金鬼頭刀(攝影：陳玟樺)

棲息於較深的深度，黎明時持續上升至表層。因此夜間主要以表層及
V型下潛模式移動為主；白天則主要為表層下潛模式，移動棲息於表
層。黃昏來臨時，鬼頭刀持續由表層下潛至較深深度，因此表層下潛
及V型下潛模式較頻繁。雖然V及W型的下潛移動垂直範圍大，但主
要還是於混合層內活動。

　　由鬼頭刀移動經歷之深度溫度剖面資料顯示，編號#157954及
#034331主要棲息於100公尺以上的淺海，溫度高於20℃以上，且由
CTD所測得之該海域垂直溫深資料顯示，其混合層幾乎在80公尺以

鬼頭刀之下潛行為模式

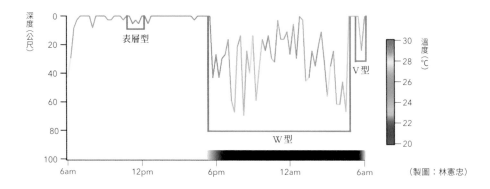

（製圖：林憲忠）

編號１３２７６２鬼頭刀標識野放之位置（Tagging）、標識器彈脫位置（Pop-up）、地理位置（Geolocation point）、推估的移動路徑（Most probable track）與海面水溫（SST）

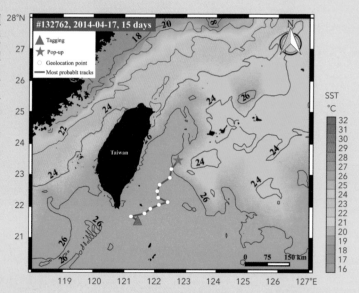

編號132762鬼頭刀於2014年4月17日盛漁期初期在臺灣東南部鵝鑾鼻南方海域標識野放，經歷15天後，標識器自魚體脫落，移動水平直線距離達237公里（平均15.8公里／天），野放後隨著黑潮北上，棲息於表水溫26℃等溫線，由臺灣東部海域向北移動至日本與那國島附近海域。（製圖：林憲忠）

編號157963鬼頭刀標識野放之位置、標識器彈脫位置、地理位置、推估的移動路徑與海面水溫

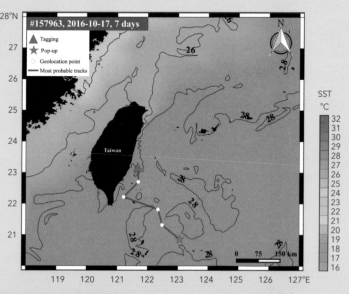

編號157963鬼頭刀2016年10月17日標識於臺灣東南部海域，經歷7天後標識器由魚體脫落。水平移動直線距離達296公里（平均42.3公里／天），標放後向南移動至菲律賓附近海域，棲息於表水溫為28℃之海域。（製圖：林憲忠）

編號034331鬼頭刀
標識野放之位置、標
識器彈脫位置、地理
位置、推估的移動路
徑與海面水溫

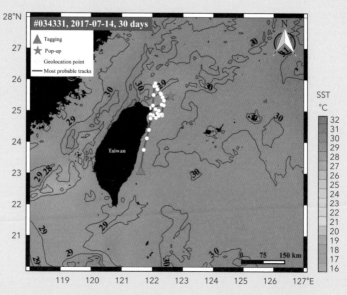

編號034331鬼頭刀2017年7月14日標識於臺灣東南部海域，經歷30天後標識器
由魚體脫落，直線移動距離達281公里（平均9.4公里／天），標放後沿著黑潮邊緣臺
灣東部沿岸向北移動至東海，棲息於表水溫為29℃至30℃之海域。（製圖：林憲忠）

上。臺灣東部夏季的西南季風小，且海表面溫度高，形成較穩定的分
層；冬季東北季風強，海表面溫度也較低，比較不容易形成穩定的分
層，因此夏季時臺灣東部鬼頭刀棲息於較淺水層，冬季則會棲息至較
深水層。夏淺冬深。

　　鬼頭刀下潛溫度與表水溫差幾乎限制在3℃到6℃（有90%的移動溫
度限制在6℃之內），因此鬼頭刀棲息分布極易受到表水溫分布的影響。
有研究運用生態區位模式預測，東太平洋沿岸之海表面溫度將隨緯度
增高而變暖，且溫度比過去歷史平均溫度上升1.44℃到2.03℃，並以
此推測未來鬼頭刀分布的北界會隨著暖水更往北分布。（Salvadeo et al.
2020）

　　臺灣東部海域全年皆有漁獲鬼頭刀，盛漁期集中在4至6月（稱「夏

鬼頭刀在魚體背部標識號碼籤後野放（攝影：江偉全）

衛星標識器（PSAT，Wildlife Computers製造，型號
MiniPAT）標識於鬼頭刀魚體（攝影：張碁璚）

刀」）及10到12月（又稱「秋刀」），由標識放流研究
結果顯示、夏季來游之「夏刀」似與黑潮的水文結
構有密切相關，尤其是黑潮流徑、混合層厚度、
躍溫層深度、表水溫等；而秋冬來群之「秋刀」由
北邊南下來到東部海域，似乎與海洋環境、混合
層深度等有關，目前仍缺乏直接證據。

　　在鬼頭刀盛漁期時，有時碰到苦流就沒有好
的漁獲，而鬼頭刀漁場跟黑潮主流離岸遠近似乎
亦有關係，這些「推測」都需要整合海洋相關領
域，同步探究共同解密。

東北追魚記：鎖管與東北角的黑潮效應

湧升流帶來的生物效應非常重要，世界各海域皆同。

通常太陽光照不太到100到200公尺以下的水層，這個區塊往往也是浮游植物必要的營養鹽濃度較高的水層，這些由氮、磷、矽等化合物組成的營養鹽，必須靠海水垂直上升，帶到浮游植物、藻類等較多的透光層裡，才有比較多的機會供給給浮游植物、藻類；植物和藻類再經由光合作用，就可以製造出對提升海洋基礎生產力有用的物質，形成好的漁場，像臺灣東北冷丘及周邊海域，就是漁獲豐富的重要漁場。

俗稱鎖管的劍尖槍魷（Swordtip squid）是在冷丘海域孵育、成長的特殊海洋生物，每年大約7到9月捕捉季，從冷丘區向東北延伸出去的大陸棚等深線100到200公尺間，都是熱區。最近的研究顯示（Cheng et al. 2022），2009到2017年間，臺灣鎖管的單位努力漁獲量高低跟黑潮衝上東北海域占據大陸棚的強度有正相關，因此，我們可以用黑潮入侵占據強度指標來預測及管理鎖管捕捉量。

劍尖槍魷，俗稱鎖管、小管、小卷、透抽、中卷
大型動物，雄性個體體長可超過40公分，漁市場常見體長10-20公分的個體；身體圓筒形，後端隨體長增長愈成細錐形；墨囊上具一對發光器。

鰭菱型，鰭之後端隨體長增長愈由鈍變尖，鰭長大於體長的50%，隨體長增長，比例趨於2/3。

(攝影：詹森。資料來源：行政院農業委員會漁業署縱橫魚蝦貝類網- 魚蝦貝類 http://fisheasy.fa.gov.tw/index.aspx?id=10103，2022/11/20/09:20下載)

2009～2017年臺灣鎖管的單位努力漁獲量vs. 2008～2018年黑潮入侵東北海域大陸棚的強度指標

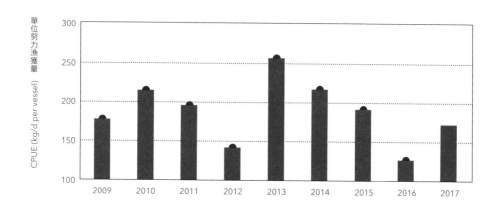

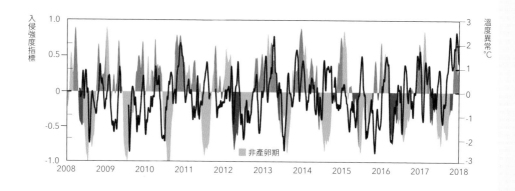

臺灣鎖管在產卵期，黑潮上陸棚的面積大（紅色區塊表示面積），鎖管捕捉量相對就多；但若產卵期黑潮的入侵強度指標呈現負值（藍色區塊），捕捉量也跟著變少。
臺灣鎖管的單位努力漁獲量與黑潮衝上東北海域入侵大陸棚的強度指標，兩者有良好的正相關。黑潮入侵強度指標則可以用來做為預測及管理鎖管捕捉量的參考。

（製圖：詹森，修改自 Cheng et al. 2022, Fig. 10）

蘭嶼追魚記：黑潮信魚——飛魚

2012年10月，拜執行國科會數位典藏國家型科技計畫「臺灣東部漁業文化資產之保存與傳承」，我們一行人搭乘德安小飛機踏上了鄰近的蘭嶼。

當時心裡想著，蘭嶼已有太多的飛魚經典故事不斷地被歌頌，我們或許可以延續在臺東新港的鏢旗魚及綠島的鰹竿釣主題，以鬼頭刀為題材來蒐集新故事。透過與達悟族釣鬼頭刀耆老的深入訪談，記錄漁業文化資產中未被發掘的一面，將傳統漁業歷史文獻所遺忘的段落保存下來，一定更能豐富臺灣東部黑潮漁業文化資產的歷史和傳承。

在當地友人振國的引薦之下，我們有機會到釣鬼頭刀耆老謝先生家進行訪談，巧合的是，知名海洋文學作家夏曼·藍波安等人也在謝先生家聚會，看到我們一群人冒雨進入家中，錯愕半晌後，隨即表達出達悟族人親切的本性，現炒一大盤飛魚卵，讓我們受寵若驚，飛魚也就成為我們在蘭嶼故事的楔子。

在造訪蘭嶼之前已拜讀夏曼·藍波安多部作品，包括《八代灣的神話》（1992）、《冷海情深》（1997）、《航海家的臉》（2007）、《老海人》（2009）、《黑色的翅膀》（2009）以及《天空的眼睛》（2012），在黑潮上的蘭嶼島可以幸運地與海洋文學大師比肩而坐，我感到何等榮幸。夏曼·藍波安曾說，無論是飛魚或是與其尾隨而來的鬼頭刀等大尾掠食魚群，達悟族人皆視為「天神恩賜的魚」，而這些魚更與我們的漁業科學研究息息相關，隔著黑潮我們擁有相同的黑潮恩典。

在蘭嶼，一年只有三個季節，飛魚季節、飛魚終了季節及等待飛魚季節（董恩慈、汪明輝，2016）。黑潮主軸流經蘭嶼，而每年2月至3月飛魚抵達蘭嶼，猶如「黑潮信魚」，與黑潮有密不可分的關係。

達悟族人按照古法，夜航捕獵飛魚當餌，再捉鬼頭刀，在釣鬼頭刀的時候，會在航行中吟唱釣鬼頭刀的古謠，希望鬼頭刀快一點上鉤。捉鬼頭刀的族人回航時神采奕奕，這是蘭嶼的大魚呢！鬼頭刀捉回來後，要先在海邊切掉魚尾、魚鰭等，留下頭、身體帶回家。

飛魚是黑潮賜給達悟族的神聖禮物，飛魚季時，達悟族的男人是屬

飛翔的信魚（飛魚）指示著黑潮的方向 (攝影：江偉全)

於大海的，捕魚是男人的主要工作，技術的好壞也決定了男人社會地位的高低（董恩慈、汪明輝，2016）。眼神凶惡、游速極快的鬼頭刀是漁人炫技的目標，釣到鬼頭刀的數目，也象徵著捕魚的能力與社會地位，捕魚的文化意義早超越了填飽肚子。就漁業資源而言，達悟族雖從未有過「生態保育」的觀念，亦沒有相關的語言與詞彙；縱然如此，達悟人卻以儀式祭典，實踐與延續人與生態物種間的均衡共存的宇宙觀（夏曼·藍波安，2007）。

2014年4月，我踏上了黑潮的航道，跟著臺東新港籍的鬼頭刀延繩釣漁船前往鵝鑾鼻南方海域，等待第一批抵達臺灣東南海域的鬼頭刀。此時航行經過蘭嶼外海。就在黑潮上，迎面而來的是一批又一批的白翅飛魚，隨著延繩釣漁船一路炸開，往南方黑潮的方向飛離海面。時而一躍再入海，時而轉彎，甚而一路飛翔數十公尺，悠然再沉入海裡。

在黑潮信魚的指引下，延繩釣漁船抵達鵝鑾鼻東南方約100公里的鬼頭刀漁場，捕捉每年第一批跟著黑潮北上，甚至是跟著黑潮支流進入臺灣南部海域的鬼頭刀。在此漁場僅僅一個月的漁期內，必須爭取時效，跟鬼頭刀拼速度！

攝影：金磊

攝影：金磊

攝影：金磊

由於一個魚汛大約是5到7天，每一趟出海通常也是5-7天，且中間會需要回來卸魚3到4次，如果帶了夠多的漁具、魚餌及補給品，就可以撐過一個魚汛，甚至捕捉到下一個來的魚群。過了這一個月，鬼頭刀就會跟著黑潮北上，游向臺灣東部了。

隨著黑潮信魚一路北上，鬼頭刀漁場也逐漸往北，往臺灣東部新港的黑潮流域延伸。這趟10天的鬼頭刀延繩釣作業調查研究，扣除來回水路航行及中間一天海況大變，總計下鉤6次，每次下15籃，每籃280鉤，鬼頭刀總漁獲逾8,000公斤，是豐收的一趟航程。惟其中一天遇到鋒面突襲，就在清晨下鉤後的休息時段，短短10分鐘，整個海況就風雲變色，後來花了兩天才起完鉤，使得鬼頭刀延繩釣組斷成三截，影響了原本可以一天下一次鉤的規劃。

漁撈作業期間挑選了100尾鬼頭刀，在魚體配置傳統號碼籤，以及在4尾壯碩鬼頭刀（2雌及2雄）配置彈脫型衛星標識紀錄器，邁出黑潮魚類科研的一大步。

面對氣候變遷及長期漁獲壓力的影響，黑潮信魚的命運會如何？信魚會何去何從？在黑潮海域裡持之以恆當蘭嶼信魚的飛魚，綠島的夏季正鰹及新港的四季旗魚與鬼頭刀及雨傘旗魚等大洋性魚類在綿密的海洋生態食物鏈裡密不可分，蘭嶼達悟族人對於飛魚的感謝與尊敬，也讓我們感受到這尾信魚長久以來對於黑潮的承諾。唯有資源永續利用，才能永保飛魚未來不會被迫失信於黑潮！

攝影：江偉全

臺6線，黑潮。

2010年1月19日星期二，天氣晴。我和永福叔準備出海。

我指著海岸山脈問了永福叔：「關山及池上山線公路叫臺9線，您知道嗎？」，永福叔搖搖頭。我又指指海岸邊的公路問永福叔：「這條叫臺11線，您知道嗎？」，永福叔點點頭。我繼續指著海上這湛藍綿延的海流問了永福叔：「那這條水路是什麼？」，永福叔回答：「臺6線」。[1]

1. 臺9線，又稱為東部幹線，是臺灣東部一條南北向的省道，里程數為臺灣公路系統第二長。隔著海岸山脈，臺11線與臺9線平行，聯結花蓮縣、臺東縣沿海城鎮，北起花蓮吉安，南至臺東太麻里荒野，全長約180公里，是花東地區的主要公路之一，又稱為海線。在臺東境內，臺9線穿梭在雄偉壯闊的中央山脈與草木鬱蒼的海岸山脈之間，沿途無敵山巒美景盡收眼底；臺11線則依著綿延的海岸山脈，咫尺之內即是遼闊、蔚藍、浩瀚、清澈的太平洋。

新港籍漁船出海鏢旗魚，出海前大家會對鄰船鏢旗魚的團隊成員互道「臺6」，臺6（閩南語發音Tairyo）源自日本的漁獲豐收「大漁」（日本語：たいりょう）一詞。

鏢旗魚季就是搭著車沿著臺11線北上石梯港，轉搭鏢旗魚漁船上臺6線追旗魚，再由臺11線搭車返回新港，或是由新港搭鏢旗魚漁船直接出海，上臺6線。整個鏢旗魚季，就這樣地來回於臺11與臺6線之間。

臺6線（黑潮流域）是鏢旗魚船隊追風戰浪的聖地，也是我向旗魚致敬的殿堂。這條湛藍深峻的高速公路，不僅貫連臺灣東部各縣——臺東縣、花蓮縣及宜蘭縣，更是國際線，源自菲律賓東岸，北上臺灣、日本琉球、九州及四國等。黑潮將海洋及居民連結在一起，具有漁業傳承的歷史意涵，更是一部偉大的西太平洋生命史詩。

黑潮流域被認為是大洋洄游性魚類必經的快速道路，是牠們的休息站及中途站，其中也有著許許多多的交流道，海洋生物在此聚集，進入、停留，或離開。這些海洋生物誰上誰下，從哪兒上、在哪兒下，終點站又在何方，始終是海洋生物學家探究的謎題。

春夏秋冬四季更迭，在旗魚漁場裡隨著潮來潮往，將衛星標識器配置於立

攝影：江偉全

翅旗魚、黑皮旗魚及雨傘旗魚，持
續解析各旗魚類季節性移動特徵與
族群分布海域環境，更融入了鏢旗
魚漁民的團隊與漁業文化，追風戰
浪，夢裡總是出現旗魚尾鰭劃破水
面的姿態。

永福叔帶領阿海前往臺6線（攝影：洪曉敏）

　　指揮手毛毛叔嘶聲吶喊，永福叔
神勇出鏢，旗魚揹著衛星標識器一
時間可能受到鏢刺而疼痛著，但很快地就能飛躍在水面上，經過幾次跳躍與
下潛快速游動，驚魂過後，即往黑潮而去。旗魚類雖然全年在臺灣東部海域
皆可看見，但他們彷彿是遵守著黑潮的承諾，按照節氣拜訪臺灣東部海域，
是黑潮給臺灣東部漁民的恩賜。

　　旗魚類具有特殊外型，以高檔泳速著稱，經常騁馳在黑潮流域中，牠們將
引我們進入洶湧澎湃又多采多姿的黑潮四季。

黑潮之春

　　2010年2月22日，星期一，天氣晴（黑潮灰黑），正月初九開工日，北風。
　　經過了整個冬季東北季風的浪來潮去，以及農曆過年的家人團圓歡聚，令

在黑潮上拍攝到的立翅旗魚被標放後跳躍的畫面（攝影：江偉全）

人期待的海上開工日，第一天就碰到晴朗的好天氣。春季的鏢旗魚團隊不若冬季的完整，成員也有所更替，但不變的還是漁場的位置，黑潮在哪、漁場也在哪。

目標魚種以黑皮旗魚為主。黑皮仔流（新港與綠島的漁場之一），顧名思義就是黑皮旗魚喜歡棲息與攝餌出沒的海域。永福叔的鏢旗魚漁船龍漁發6號按例還是由負責煮飯的毛毛叔在船上備妥早餐，5點集合共進早餐後，養足體力，由新港出發一路往南。過了都歷外不久，看到海線阿美族人喜愛的豔紅色東河橋，往左行前往「瀉離」去，船員全部就戰鬥位置。

除了站在鏢旗魚檯的比魚仔之外，其餘船員全部上到架設在露天駕駛臺上方的瞭望架，各朝船艏左、右及後方。過年後開工第一天早上，一開始當做是賞鯨收心操。成群的飛旋海豚以及白腹鰹鳥在漁場附近來回遨翔，意味著漁場海面下應該有魚群。永福叔說：「旗魚也會吃流水，今天北風這麼『水』下午一點多會翻流（潮汐改變），翻流時旗魚一定會上來索餌或是消肚（消化食物及休息），如果都沒有魚上來，就表示這漁場沒有旗魚在這，就可以回家了，不用浪費油在這尋找。」

永福叔在黑皮仔流及頭站與中站漁場來回巡魚，最終將船停在黑皮仔流流頭處，大夥下頭架用餐，但所有的人一邊端著碗、一邊還是專注著海面上的任何動靜。很快填飽肚子，又全數就戰鬥位置。

中午11點用過船飯後，在12點40分左右，船員（比魚仔）寶春叔首先看見

2010農曆正月初九海上開工日（攝影：江偉全）

了旗魚的蹤跡並吶喊，永福叔以飛快的速度下駕駛臺衝上鏢旗魚檯，舉起鏢竿一發即將衛星標識器鏢置黑皮旗魚，是一尾約160公斤的黑皮旗魚（衛星編號47806）。

　　整個鏢刺的過程緊張刺激。全船關注著永福叔舉起鏢杆那一刻，因為出鏢成功與否關鍵僅在數秒之間。當鏢杆入水，直立了頓點時刻，全船歡呼，順利下鏢。開工第一天就有斬獲，從早到晚的出海行程有了代價。正感開心之餘，船員發現了紅肉旗魚的蹤跡，接續嘶聲吶喊。但因為距離較遠，被離魚較近的漁船給鏢獲了，難免還是覺得可惜。

黑皮旗魚的尾鰭在鏢旗魚檯右
前方小黑點（攝影：江偉全）

黑潮之夏

2010年7月13日及14日，星期二及星期三，天氣晴(黑潮正藍)，南風轉微微北風。

過了端午的仲夏時節，就是臺灣東岸雨傘旗魚的旺季，連漁村的肉粽裡也有雨傘旗魚添味。

夏天是南風為主的季節，南風把黑潮吹拂得很廣闊，沒什麼起伏，海面也經常如明鏡一般，絲毫的灰塵掉落，似乎都會汙染黑潮的海面。永福叔說：「颱風來臨前，總是北風會先到，其他旗魚類也是有機會出來優游舉尾。」

夏季是雨傘旗魚的季節，每趟出海常可看到不下10次的雨傘旗魚在舉尾梢優游，時而在左前、右前或是後方兩側，考驗著船長要去追那尾才好。或是會看到5到10尾成群的雨傘旗魚像分列式一般劃過黑潮海面。問了永福叔，這種情形要追那一尾？永福叔答道，追破雨傘不能貪心，別想挑大的追及大的鏢，只能追逐排在最後的那尾，要堅定信念，不然突然間魚群像爆炸般四奔，你會不知所措。

2010夏季東海岸日出的色溫倒映在黑潮上(攝影：江偉全)

上：2010夏季黑潮。（攝影：洪曉敏）　下：鏢旗魚漁船上的5百萬大傘。（攝影：江偉全）

上：夏季黑潮上的鏢旗魚漁船簡單陣容。(攝影：江偉全)　下：2010夏季黑潮鏢手。(攝影：洪曉敏)

左：永福叔的鏢旗魚漁船龍漁發6號秋季側拍。(攝影：洪曉敏) 右：2010秋季的黑潮已開始起浪。(攝影：洪曉敏)

夏季的黑潮水溫達30℃以上，氣溫更逼近37℃，鏢旗魚漁船露天的瞭望臺及駕駛臺，無處可避陰，船長及船員都快烤焦了，眞是苦熱。鄰船的聖芳船長搭起了5百萬的大傘遮陽，羨煞了所有海上的鏢旗魚漁船。豔陽高照的天氣，人都想往海裡跳，浸泡到海水裡，而海裡的雨傘旗魚也按捺不住黑潮的高水溫，學起海豚跳躍解暑。

黑潮之秋

2010年8月4日及5日，星期三及星期四，天氣陰晴(黑潮淡藍)，偏東風。

過了颱風季節，風向陸續改變，南風天數持續減少且減弱，但經常會有風東的天氣(風由山丘岸邊吹向外海，即往東的風)，鏢旗魚漁船雖然還是使用著單人的小鏢檯，但是每每北風下來，團隊們總是磨刀霍霍，期待鏢旗魚季的到來。永福叔的船持續鏢獲雨傘旗魚，他說：「先爲多季的大北海暖暖身，試試鏢旗魚準度。」我們連兩天都鏢中雨傘旗魚，但鄰船運氣佳，鏢中價格較好的黑皮旗魚。

入秋之後，船長會集結多天鏢旗魚團隊共同協力，將小鏢旗魚檯更換成可以站立左右鏢手的大鏢檯，決戰黑潮旗魚漁場，戰力加倍。船長會挑農民曆裡「刀砧日」(大凶日)或是立秋(節氣邁入秋涼的先聲，表示酷熱難熬的夏天即將過去，涼爽舒適的秋天就要來了)，進行更換大鏢魚檯。對於旗魚而言，見到鏢檯

似乎就進了生死鬥，要能生還的機會，取決於鏢旗魚團隊不佳的表現。但是對於從事旗魚標識放流試驗的鏢旗魚漁船而言，船長與船員正在協助做科學研究，標識器鏢置之後，旗魚們可以優游離去。牠們並不知道這個研究或許是另一個生命在黑潮重生的開啟。

2010年10月15日星期五，天氣陰雨（黑潮藍灰），北風徐徐。昨晚大家都知道今天東北風下來，一早碼頭邊就很熱鬧，尤其在安檢站鏢旗魚漁船排隊報關出海追旗魚。但今天東北風不止帶了風，還帶了大雨。永福叔說：「今天有風沒流水（所謂流水就是海面下的海流，流速強較能出現立翅旗魚）」，另一頭夥伴曉敏說：「我們很幸運的鏢中了臺灣第一尾紅肉旗魚，但雨實在太大，且標識過程太快來不及拍攝。」

左：2010年秋季富裕號（鏢中170幾公斤黑皮旗魚）。(攝影：洪曉敏)
右：龍漁發6號鏢旗魚漁船冒著颱風天更換鏢旗魚檯（大頭架）。(攝影：江偉全)

左：2010秋季的黑潮日出。(攝影：洪曉敏)　右：2010秋季陰雨天，鏢旗魚漁船已使用雙人站立的大鏢檯。(攝影：洪曉敏)

黑潮之冬

2010年11月27日（星期六），天氣陰（黑潮鐵藍），東北風。

過了秋高氣爽的季節，所有鏢旗魚漁船幾乎都換上大鏢檯，正是鏢旗魚的大北海（盛漁期）。戰鼓響起，東北季風一道比一道強，每個鏢旗魚船隊、每個鏢手都勢在必得，這一鏢是一整年最重要的生計。永福叔背負著的不只是自己的家人，還有4、5個船員跟他們的家庭。

鏢旗魚的盛漁期之後，由於立翅旗魚會從日本一路南下，所以往往北邊漁汛會較早，也較有機會把握魚群出沒的海場。許多鏢旗魚漁船會把船開到北邊的石梯漁港，另闢為期1個月的旗魚黑潮戰場。

凌晨4點，窗外北風陣陣襲來，不斷有呼呼聲響，此時得集合完畢，驅車由新港北上至石梯港。小貨車載著鏢旗魚團隊，也一併把冰藏旗魚用的碎冰載上車，冰涼的冰塊讓貨車上寒氣加倍。

整排的鏢旗魚船隊似乎說好了早餐的開動時間，集體開動非常有趣。為了迎接外海黑潮上的冷冽東北季風，溫飽的早餐是每位船員維持一整天鏢旗魚作業的熱力來源。

石梯港外的石梯坪北邊有突出的岬角海岸及海底地形，黑潮在東北季風的吹拂下，在此會形成重要的旗魚漁場。冬初，由日本南下的立翅旗魚會很靠岸，因此石梯港出港就是鏢旗魚的漁場，一路往南延伸到秀姑巒溪口，甚至往北一直到清水斷崖近岸，都可鏢獲立翅旗魚。

鏢旗魚漁船將暫時停泊在石梯漁港，鏢獲的旗魚就由小貨車連同船員一起載回新港漁港，接受魚市場英雄式的迎接，進行卸魚及過磅拍賣。

2010年12月3日及9日，星期五及星期四，天氣陰晴（黑潮

2010冬季的出海日（攝影：洪曉敏）

左：2010冬季清晨在秀姑巒溪口的立翅旗魚漁場，黑潮邊界清楚顯現。（攝影：江偉全）
右：2010冬季，在黑潮流域上的鏢旗魚漁場可見10餘艘鏢旗魚漁船。（攝影：洪曉敏）

淡藍），正北風。

　　隨著一陣又一陣持續減弱的東北季風，黑潮稍遠離岸邊，流幅寬廣，立翅旗魚主魚群也已通過臺灣東岸，鏢旗魚漁期正式結束。2010年四季黑潮，我們曾經一天標放5尾旗魚（立翅旗魚與黑皮旗魚），唱著凱旋歌返航；也有連續10航次沒有鏢獲任何旗魚，好幾天從早到晚都未尋獲旗魚芳蹤，在鏢旗魚漁船上整天沉悶沒有任何對話。

　　北上的鏢旗魚漁船告別石梯港，陸續南下返回母港新港漁港，期待明年鏢旗魚季重返石梯港。

（攝影：洪曉敏）

CHAPTER 07

黑潮悖論：
黑潮裡的生物
與地球化學特質

　　黑潮挾帶的海水通常是無機營養鹽濃度很低的貧營養鹽水（Oligotrophic water），水中生物量較少，溶氧含量因為生物量少，消耗就少，所以溶氧量通常比較高，水也比較清澈。儘管如此，黑潮沿途還是有些好的漁場，有些魚類甚至把某些黑潮邊緣的特殊海洋環境當做產卵、孵化和成長的環境，例如臺灣東北方的東海大陸棚邊緣即是鎖管、透抽、白帶魚和鯖鰺等的重要漁場，這些現象似乎很難跟黑潮的貧營養鹽環境關聯。東京大學大氣海洋研究所的齊藤宏明（Hiroaki Saito）教授把這種貧營養鹽環境下漁產卻豐富的矛盾現象叫做「黑潮悖論」（Kuroshio paradox）。（Saito 2019）

　　漁產豐富的海域基本條件之一是要有持續的營養鹽補充到透光層，幫助浮游植物生長，浮游植物行光合作用把無機的二氧化碳轉化成有機碳，並釋出氧氣；在食物鏈關係上，浮游生物會攝取和消耗這些有機物，再將能量和養分傳遞到生態系中給更高階的消費者。因此，

將營養鹽補充至透光層，並提供浮游植物行光合作用，基本上支持了整個海洋生態系統的生物多樣性和穩定性，對海水中氧氣循環也有關鍵性的影響。

從海洋動力的觀點來看，營養鹽要能補充到透光層的物理過程主要是經由上升流，把大約200到300公尺以下營養鹽濃度較高的次表層水，推升到透光層裡，這是為什麼海洋湧升流在全球各地海洋生態系都扮演很重要的角色。對於揭開生產力豐富海域「黑潮悖論」之謎的研究，即聚焦於這些海域物理過程的探討，例如陡升地形造成的湧升流、紊流混合產生向上抬升的物質通量、大陸棚海底物質再懸浮或地轉流左手邊等溫度面抬升（代表次表層冷水向上抬升）等。

1990年代，中山大學陳鎮東教授率先從臺灣東南海域北緯22°斷面裡由研究船採樣得到的營養鹽濃度中發現（Chen et al. 1994），在東經121°到125°之間，磷酸鹽（phosphate）濃度最高的位置在東經122°、深度500公尺的地方，若以濃度乘上通過這個東–西向測線的海水流量，可進一步推估通過這個斷面每天往北輸送的磷酸鹽含量高達17.4萬噸，數量相當可觀。需留意的是，這次觀測到往北的總流量裡，黑潮的貢獻並非全部，若以水文觀測資料推算出來的地轉流分布圖來看，東經121°到121.5°間和東經122.5°到123°間，各有一股北向流，西邊那股大致是黑潮，東邊那股可能是臺灣東邊的反氣旋環流的一部分，而磷酸鹽濃度最高的位置跟黑潮一致，這也表示藉著黑潮向下游往北輸送的磷酸鹽量仍占此斷面的多數。

日、中研究團隊（Guo et al. 2012）分析1987到2009年23年間88個研究船航次在日本九州南方黑潮橫截面（WOCE計畫的PN測線）觀測的水文及營養鹽資料，得到營養鹽濃度最高的水層在水下400公尺深的地方，比位於黑潮上游臺灣東南邊觀測到的最大濃度水深淺了大約100公尺。而其硝酸鹽（nitrate）與磷酸鹽流量每天分別向黑潮下游輸送91.5

萬噸與10.3萬噸的數量。其中硝酸鹽在這23年間，尤其是2004年以後的分析結果顯示，濃度明顯上升，但硝酸鹽流量並未隨之顯著上升，原因是此斷面中層水的流量減弱，抵消了濃度上升的影響。從陳鎮東教授早期的研究連結到本項研究結果，可以推論在東海黑潮海域大約400到500公尺的水層，有一股營養鹽流（nutrient stream）。但是，營養鹽還要被抬升到大約100公尺以上的透光層才能被浮游植物吸收利用進行光合作用，並進入食物網。

陳鎮東教授的研究團隊進一步發現（Chen et al. 2021），跟黑潮有關的營養鹽流在臺灣東南的東－西向斷面有三種分布型態，一是單一核心，二是被東經120.6°到122°之間的呂宋島弧分開的雙核心，三則是被海脊上的南向流所分離的雙核。他們也發現，從2015年以後，營養鹽流量上升了30%，這些營養鹽是支持黑潮沿途高生產力的來源，例如東海南部大陸棚緣、日本東南方的黑潮延伸區。

那麼，究竟是哪些動力過程會把跟著黑潮走、但把在400到500公尺深的高營養鹽濃度海水送到上層海洋呢？先前談過，黑潮撞到臺灣東北部海域東海大陸棚邊緣時，200公尺以下的黑潮次表層水會順著地形斜坡爬升，加上「冷丘」的湧升流把營養鹽帶上來，形成東北角豐富的漁業資源，就是其中一個例子。

2012到2014年間，OKTV黑潮研究結合臺灣師範大學生命科學系的陳仲吉教授團隊在臺灣東部花蓮黑潮長期測線KTV1上的8個站點聯合採樣，交叉分析物理、生地化資料，結果發現**營養鹽濃度等值線在黑潮近岸側有向上抬升的現象，而抬升的幅度與黑潮流量大小造成的近岸湧升流強弱有很好的正相關**。例如，當黑潮流量相對大時，近岸的海水抬升（Coastal uplift）帶動次表層硝酸鹽濃度上升，造成近岸海域上層100公尺硝酸鹽濃度大增，為黑潮東側濃度的180%（即比黑潮東側濃度值高0.49 μM，相當於每立方公尺的海水多0.03公克的硝酸鹽），接著造

東亞海域硝酸鹽流量

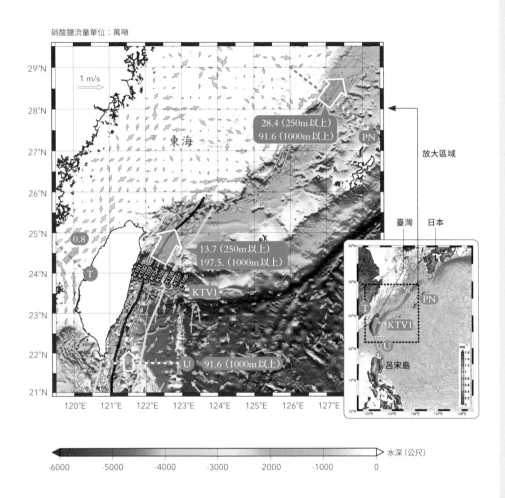

臺灣東部（U及KTV斷面）、日本九州南方（PN斷面）及臺灣海峽（T斷面）海流挾帶的硝酸鹽流量，單位為每日萬噸。圖中臺灣東邊黑實線是水下15公尺黑潮最大流速的平均位置；箭號是水下30公尺的平均流速；右下嵌圖是所有漂流浮標軌跡與漂流速度（以顏色代表流速之大小，紅、藍分別對應快、慢），紅色帶狀區域可以代表黑潮範圍。（製圖：詹森，修改自Chen et al., 2017, Figure 1）

成黑潮近岸海域上層浮游植物，尤其大小為0.2到2微公尺（即10⁻⁶m）的超微浮游植物（picophytoplankton）量增加，而整體浮游植物生物量則比黑潮主流東側海域多了近90%。因為黑潮等溫面、等密面近岸抬升造成的營養鹽濃度上升，相當於在黑潮近岸海域增加大約1.37萬噸氮及2.11萬噸碳，滋潤營養鹽稀少的黑潮表層生態系，這在此生態系的生物能量循環裡提供了一項重要的過程。OKTV計畫的長期觀測結果提供了「黑潮悖論」一個合理的解釋。

　　2010年以來在綠島附近的黑潮研究更進一步發現，當黑潮流過綠島以及綠島跟臺東之間的海脊地形時，在島嶼背流側經常會產生渦流串，海脊背後則產生垂直起伏的凱文–亥姆霍茲不穩定波串（Kelvin-Helmholtz instability billows），根據研究船現場測量及採水分析的結果，證明這兩種海洋物理過程都會提高綠島北側海域小尺度紊流強度，增強海洋垂直混合能力，把黑潮營養鹽濃度高的次表層水攪拌到上層海水，經過浮游植物利用，使得上層海洋葉綠素濃度上升（Chang et al. 2013; Chang et al. 2016; Cristy et al. 2021）。

2008年9月強烈颱風辛樂克（Typhoon Sinlaku）侵臺前，在臺灣北部天空外圍環流雲層所展現的凱文–亥姆霍茲不穩定波串。（攝影：詹森）

凱文—亥姆霍茲不穩定波串
（Kelvin-Helmholtz instability billows）

發生於流體上下層密度不同且有速度差的介面波動現象，形成過程中，介面上下不同密度的流體互相捲入，產生一串像捲浪的垂直渦旋結構，自然界裡大氣、海洋中都會發生，例如大氣層裡上下層風速差大（即風切強）的地方；海洋裡密度分層海流爬過陡峭地形時容易產生比較強的上下層速度差，背流側很容易發生不穩定波串。從單音束測深測儀的水層聲波反射強度可以看出不穩定波串現象。不穩定波串也可能進一步發展出強紊流，造成海水上下層翻轉、混合。

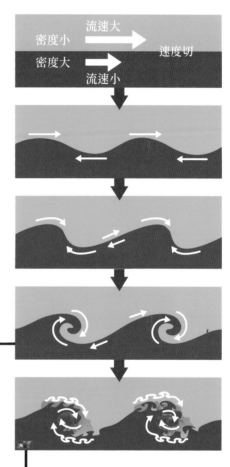

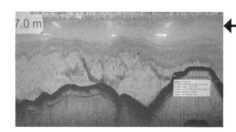

綠島西北方海山北側單音束測深儀水層回音強度

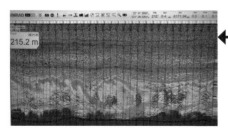

形成海洋凱文—亥姆霍茲不穩定波串的物理過程（上），以及不穩定波串在單音束測深儀的水層聲波反射強度所呈現之景象。
（製圖：詹森）

經過島嶼渦流和凱文－亥姆霍茲不穩定波串攪拌、抬升的營養鹽，產生硝酸鹽向上通量，進入黑潮表層水，被浮游植物利用，經過一段時間浮游植物增長、葉綠素濃度上升。營養鹽濃度上升的表層水同時也被黑潮帶往下游宜蘭、東海南部大陸棚海域，為黑潮表層生態系統、浮游植物量、漁業資源等帶來增長效應。

臺灣東岸黑潮次表層營養鹽向上進入透光層之動力機制

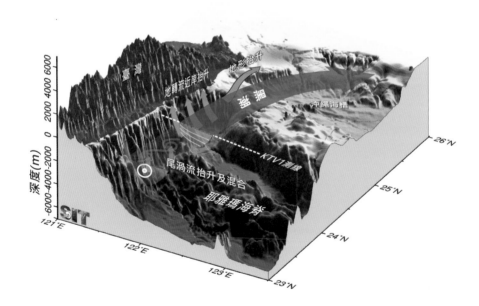

根據黑潮是地轉流的特性，黑潮左（西）側等溫面與等密面向岸抬升，造成營養鹽流的深度較淺，當黑潮加速的時候，西高東低的等溫面與等密面斜坡更陡，營養鹽濃度高的次表層水被推升得更高，結果豐潤了貧營養的黑潮表層生態系統。再者，黑潮流過綠島後形成的尾渦流及臺灣東北部海域黑潮沿著地形斜坡向上爬升等作用，也都是把營養鹽濃度比較高的黑潮次表層水向上推到透光層的動力過程。（製圖：詹森）

CHAPTER 08
被黑潮推進的人

　　距今約 35,000 到 30,000 年前，舊石器時代的人類開始離開居地，航向大海，四處遷徙。當時的人類究竟是隨波逐流？抑或有計畫目的的航海？琉球島弧各個島嶼的人們是怎麼到該處定居的？爲了解開這個謎團，2018 年日本人類學者海部陽介教授（Yosuke Kaifu，服務於東京大學綜合研究博物館）、久保田好美博士（Yoshimi Kubota，服務於日本國立科學博物館）在海哥牽線下與我以及當時任職臺大海洋所的郭天俠技術員合作，分析了 138 組全球衛星定位漂流浮標（SVP drifter）軌跡資料，把人類在古代獨木舟上遠眺的可能高度、海面曲率、島嶼高度等等因素都納入考慮，模擬古人乘著每顆浮標、隨著黑潮漂流而能看到琉球島弧中任何一個島嶼的機率有多高。

　　結果發現，138 組浮標中，僅 4 組漂流到離琉球島弧之間島嶼 20 公里範圍以內，而這 4 組浮標會漂到這些島嶼附近的初始原因，都跟颱風經過臺灣北部或冬天的東北季風有關。我們可以合理推測舊石器時代的人類不可能選在天氣和海況都極端不好的狀況下操舟出海，縱使出得了海，在海上碰到颱風也一定命喪大海。而其他絕大多數的漂流浮標軌跡都與黑潮主流距離頗遠，即使離黑潮主流最近的與那國島

也都還在50公里以外，更別說琉球島弧其他島嶼，都距離黑潮至少100公里遠。若只是隨著黑潮漂流，很難漂到琉球島弧中任何的一個島嶼。

根據這份精細的漂流軌跡－海上遠眺最大高度計算結果，海部陽介間接地推論，30,000多年前舊石器時代的東亞人類，若從臺灣或菲律賓東岸出發乘著舟筏隨著黑潮漂流北上，要登上琉球島弧其中任一島嶼，除非是有目的的航海，必須在海上順流漂移加上奮力划槳、穿過黑潮強流，才有機會抵達目標島嶼；否則，單靠自由漂流、隨機漂到島上的機率非常低。換句話說，舊石器時代人類可能傾向具有勇於挑戰環境、冒險犯難、找尋生活新契機的思維，而非保守的機會主義者，對了解人類思緒與行為的進化非常重要。[2]

研究過程中最令人有感的是，2016年海部教授終於從個人和企業募集到足夠的實驗經費，模擬古人從臺灣東岸下海划舟，穿過黑潮到宜蘭東方的與那國島。海部團隊於2016年以蘆葦束筏、2017年以竹筏試航，都因船速慢、難以抗流橫過黑潮平均每秒1到2公尺的速度，而

漂流浮標的操作案例

2008年4月7日在富岡與綠島之間海域，由海巡艇協助臺美合作投放2顆表層漂流浮標（SVP drifter）在黑潮上。此項合作每週在同一海域投放2顆浮標，裝在可溶於海水的紙箱中，紙箱溶解後，裝有全球定位系統追蹤器的浮球及浮球下15公尺長圓柱形漂流套即展開，開始每12小時以銥衛星通訊傳送一次定位資料。合作觀測包含2009年8到9月在臺灣海峽北部及東北海域的密集觀測，於2009年9月結束。(攝影：詹森)

2. Kaifu, Y., Kuo, T.-H., Kubota, Y., Jan, S. (2020). Palaeolithic voyage for invisible islands beyond the horizon. Scientific Reports, 10, No. 19785. https://doi.org/10.1038/s41598-020-76831-7

2018年海部陽介「跨越黑潮－復現3萬年前的航海」計畫

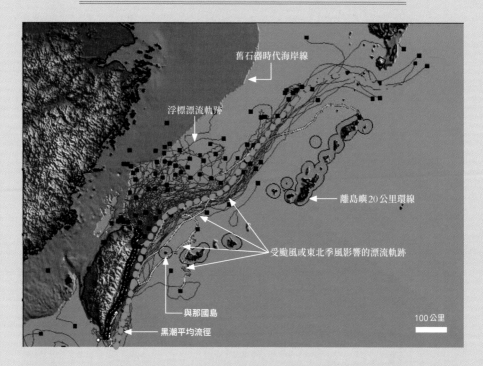

分析138組漂流浮標（SVP drifter）軌跡（深灰色線條），把人在古代獨木舟上遠眺的可能高度、海面曲率、島嶼高度、島嶼周圍能看到島的最遠距離等等因素都納入考慮，模擬古人乘著每顆浮標、隨著黑潮漂流，而能看到琉球島弧中任何一個島嶼的機率有多高。黑色方塊代表每個浮標停止定位的位置。彩色漂流軌跡為其中4組受到颱風經過臺灣北部、或冬天的東北季風影響而漂流到離島嶼20公里範圍以內的路徑。
（製圖：郭天俠）

以失敗收場。2017到2018年間，研究團隊在日本複製了一把舊石器時代的石斧，砍了一顆直徑大約1公尺的樹木，再用石斧把原木鑿成一艘7.5公尺長、350公斤重的獨木舟，並在日本海域試航，結果比先前的蘆葦筏和竹筏速度更快也更耐用。

2019年7月7日，四男一女槳手划著這艘仿古獨木舟，從宜蘭、

2019年7月7日復刻版獨木舟自臺灣東岸烏石鼻出發，航向與那國島。（攝影：海部陽介）

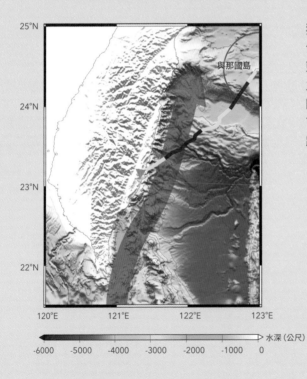

獨木舟航行軌跡白天為黃色，晚上為黑色，半透明藍色粗線及箭頭代表黑潮主流位置及流向，藍色圓圈表示天氣晴朗時從船上可以看到與那國島的最遠距離。（製圖：詹森）

花蓮交界附近的海濱下海，不用指南針、地圖、GPS、智慧手機、手錶等現代導航工具，在全程大部分時間看不到與那國島的情況下，向東北方奮力划了大約225公里、45小時橫越黑潮，成功抵達這個琉球島弧最南的島嶼。這算是實際驗證了35,000年前舊石器時代人類從臺灣東部出發，遷徙到琉球群島途中可能碰到的情境。從海部陽介的研究，意外讓我們知道天氣晴朗時，從花蓮立霧山上海拔1,200公尺的高度，竟然可以回溯到30,000多年前的古人視角，遠眺到與那國島。

此次研究包含了現代資料分析以及最難的現地實驗論證，不僅在人類學上有所貢獻，在海洋學上亦是意義非凡，更展現出意想不到的跨域與國際合作研究成果。除了探索古代歷史，對於現今氣候變遷及全球暖化、微塑膠顆粒與海洋廢棄物擴散，以及追求永續海洋資源等物理海洋學的資料建立，也描繪出基礎輪廓。

PART **IV**

黑潮串起的時空紀事

海上工作艱辛困難、驚濤駭浪，卻也充滿興奮喜悅。
若不到海上嘗嘗探測的冒險滋味與甘苦，
怎麼會對這些辛苦得來的資料有感覺呢？
有許許多多在這行業堅守崗位、付出奉獻的朋友，
才得以疊積出如今海洋研究的珍貴成果。

CHAPTER 09

黑潮探測的挑戰

在黑潮裡看黑潮

海研一號電儀室這頭，探測技士用無線電對講機喊著：「下放5,000米」，隨即收到絞機吊臂副控室那頭技佐覆誦：「5,000米」。於是絞機鋼纜吊著一般稱為CTD（Conductivity, Temperature, Depth 三字的字首組合）的鹽溫深儀跟採水瓶，以時速僅1.8公里（等於每秒下降半公尺）的速度緩緩地、靜靜地向下降，直到5,000公尺的深淵，接著「上收」回到水面。

這是研究船操作CTD的情境之一，一下一上、來回就是5小時。自2012年以來，研究船每年會出2到4回任務，騎在臺灣東方黑潮上，累積下來已經完成32個航次下了幾百回CTD了。5個小時的漫長等待，大夥坐在電儀室裡邊看螢幕、邊嗑零食、邊聊風花雪月，時而畫畫保麗龍杯、時而趴在桌上打個小盹，過程雖乏善可陳，但收回來的資料卻是精采可期。

鹽溫深儀（簡稱CTD，是 Conductivity, Temperature, Depth 三字的字首組合）及採水瓶（黑灰色塑膠筒）由海研一號右舷下水並開始下放，在採水瓶中的空氣被海水擠出形成一個一個水母狀的泡泡群，隨著黑潮的海流被帶走、碎成更小的泡泡，最後散在黑潮的強流裡。（攝影：詹森）

完成一個黑潮水文剖面觀測，鹽溫深儀及採水瓶從海研一號右舷剛離開水面。（攝影：詹森）

1 從19世紀末的漂流瓶 到20世紀九連、 21世紀研究船大躍進

　　靠近臺灣、日本海域的西太平洋計畫性海上觀測，大致可追溯到1893年日本學者和田謚治（Yuzi Wada）利用漂流瓶追蹤黑潮動向進行的實驗觀測開始。自此以後，觀測資料量逐年累積，對於黑潮的輪廓了解也愈來愈清楚。往後較大規模的合作探測例如1960年代聯合國教科文組織（縮寫UNESCO）所主辦的國際科學合作黑潮探測計畫（簡稱CSK，全名A Cooperative Study of the Kuroshio Current and Adjacent Region），在幾個黑潮斷面測線進行水文測量，許多重要的成果出版在亨利‧斯托梅爾（Henry Stommel）和吉田功三（Kozo Yoshida）共同編著的《黑潮在日本之物理面相》[1]（Stommel and Yoshida, 1972）一書中。

　　1974至1975年間，臺大海洋所創所所長朱祖佑教授帶領我國研究船「九連」對花蓮至琉球石垣島間的黑潮流量（即海水體積通量）進行調查，由溫、鹽水文剖面觀測資料推算得出，黑潮流量在每秒18到42百萬立方公尺

九連研究船探測里程碑

- **1969年2月1日**
  由美國移交中華民國海軍。

- **1969年5月10日**
  由美國託運抵臺，交與海軍啟封整修，之後正式服役，做為海軍研究及測量艦，並命名為九連艦，編號為AGS-563。

- **1970年8月至9月**
  執行南海探測並訪問泰國曼谷。

  1971年7月至8月
  執行南海東北部海域探測。

- **1972年3月**
  進台灣造船公司基隆廠，擴建研究室，並增加衛星導航及地球物理探測設備。

- **1972年8月**
  基隆出廠。

---

1. Stommel, H., and Yoshida, K. Eds.(1972). *Kuroshio: Physical Aspects of the Japan*, University of Washington Press. Seattle. 527pp.

臺灣專屬海洋研究船的始祖：海軍九連艦

原是美國海軍拖船Geronimo編號ATA-207（Geronimo是美國原住民阿帕契族的一位酋長名），1969年經由美國安全援助法案（Security Assistance Program）轉交中華民國海軍，改名「九連」，舷號563。

九連艦船體長43.6公尺，寬10.31公尺，吃水深4公尺，總噸位835噸，巡航速度12節。

（資料來源：© By US Navy photo - Public Domain, via Wikimedia commons.）

九連研究船的時代來臨

1972年海軍九連艦除役。之後由灰色軍艦塗裝改漆為白色，移撥給當時的國科會，再由國科會指定國立臺灣大學海洋研究所使用與管理。九連於1984年再由國科會將財產移撥回給海軍，結束學術研究船探測任務。（資料來源：詹森等編，《國立臺灣大學海洋研究所50年紀實》，臺北：國立臺灣大學海洋研究所，2018）

之間變化，平均流量則為每秒29百萬立方公尺；並推論這一段黑潮之流量年際變化較大，但季節變化並不明顯。

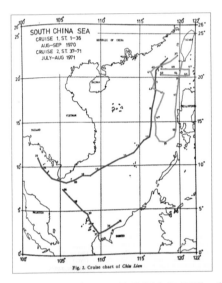

九連研究船於1970年8-9月執行南海探測，藍線為其順道訪問泰國曼谷測站1-36及其航線。橘線則是1971年7-8月執行南海東北部海域探測測站37-71及航線圖。（資料來源：詹森等編，《國立臺灣大學海洋研究所50年紀實》，臺北：國立臺灣大學海洋研究所，2018）

　　比較起來，半個多世紀前黑潮聯合觀測得到的知識，不論是時空解析度或細緻的程度，都很難跟現代各種觀測載台與先進的電子、聲學探測儀器相比。我於1986至1988年就讀海洋所碩士班期間，海研一號上用的CTD是 Neil Brown 公司製造的，當時還沒裝船載都普勒流剖儀。現今的研究船則普遍採用 SeaBird 公司製造的 CTD，測量速度更

1972年8月31日
副總統嚴家淦參觀九連研究船，船上加裝了許多先進的儀器，包括人造衛星導航系統、震測系統、海況儀等，在基隆碼頭開放各界參觀。

1972年12月1日
從海軍除役後，移撥給國家科學委員會，再經由該會指定臺灣大學海洋研究所使用，並由灰色的軍艦形式改為白色塗裝，艦艇編號亦取消。

1973年
菲律賓海4,500公尺海底採得錳核和海底地殼的玄武岩。

1975年7月及8月
與美國佛羅里達州立大學合作在臺東外海執行「東臺灣海岸湧升流實驗」，經由此合作初次引進旋葉式自記式海流儀，以及深海錨碇施放、回收及資料處理技術。

民58年 5月10日 於左營港接收為
援研 GERONIMO 改名九連研
民六十年底 運台船基隆廠大修計一年
八月出廠。
民七十三年初底繳回海軍報銷──

左圖手稿為孫漢宗先生所寫（詳見第
10章〈一生奉獻海研的小人物〉），關
於九連研究船的來由與一生。（資料來源：
詹森等編，《國立臺灣大學海洋研究所50年紀實》，
臺北：國立臺灣大學海洋研究所，2018）

1972年3–8月九連研究船在台灣造船公司基
隆廠擴增研究室，並增加衛星導航及地球物理
探測設備。同年8月31日，時任副總統嚴家
淦（左圖中間）於基隆碼頭參觀九連研究船上
之先進探測儀器，同時也開放各界參觀。（資料
來源：詹森等編，《國立臺灣大學海洋研究所50年紀實》，臺北：
國立臺灣大學海洋研究所，2018）

快（每秒測24次）、精準度更高，且至少配備一具都普勒流剖儀，有些船甚至裝了3套不同發音頻率的都普勒流剖儀，測量不同深度範圍的流速。此外，許多研究船也都裝置了多音束測深儀等先進的聲納探測設備。如今，研究船出海一天蒐集的資料，恐怕比五、六十年前一個跨國聯合觀測計畫好幾艘船所蒐集的資料還要多。

1975年7-8月臺大海洋所梁乃匡教授與美國佛羅里達州立大學合作，以九連研究船在臺東外海執行「東臺灣海岸湧升流實驗」，後甲板所放置的器材即為人工湧升流產生器。

（資料來源：詹森等編，《國立臺灣大學海洋研究所50年紀實》，臺北：國立臺灣大學海洋研究所，2018）

1976年7月5日至7月27日
與美國史奎普斯海洋研究所研究船華盛頓（R/V Thomas Washington）於關島會合，並於菲律賓海進行雙船震測實驗。

1984年6月11日至6月13日
航次編號430-73-48，於宜蘭外海執行完九連最後一個航次，船齡逾40載光榮退休，功成身退。

1984年7月4日
由國科會移交給海軍，結束15年在臺灣海域之學術研究探測工作。

1976年7月臺大海洋所九連研究船與美國史奎普斯海洋研究所研究船華盛頓（R/V Thomas Washington）於關島會合，並於菲律賓海第二島鏈關島與馬里亞納群島附近進行雙船震測實驗。

（資料來源：詹森等編，《國立臺灣大學海洋研究所50年紀實》，臺北：國立臺灣大學海洋研究所，2018）

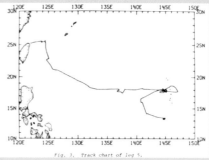

Fig. 3. Track chart of leg 5.

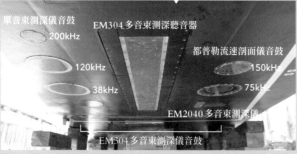

聲納音鼓位置 →

單音束測深儀音鼓
200kHz

EM304多音束測深聽音器

都普勒流速剖面儀音鼓

120kHz   150kHz

38kHz   75kHz

EM2040多音束測深儀

EM304多音束測深儀音鼓

2020年2月竣工的新研究船——新海研1號——配裝的設備相當先進，各項聲納設備於船底的發音及接收音鼓，包括200kHz、120kHz、38kHz單音束測深儀音鼓、EM304多音束測深儀音鼓、EM2040多音束測深儀音鼓、75kHz與150kHz都普勒流速剖面儀音鼓。（攝影：詹森）

2 20至21世紀的重要研究

1994到1996年WOCE計畫奠定黑潮研究基石

1994到1996年，臺灣海洋學界參與了國際合作計畫「世界海洋環流實驗」（World Ocean Circulation Experiment，簡稱WOCE），沿著宜蘭海脊由蘇澳到琉球與那國島的PCM-1測線海流儀陣列進行觀測，開啟近代黑潮的高解析度時間序列之觀測。

記得當時臺大海洋所物理組的老師及助理、研究生們和美國邁阿密大學合作，乘著海研一號到宜蘭與石垣島之間的海域放海流儀計錨碇，有些老師帶隊到宜蘭海脊上及東北海域測量水文，我則到宜蘭梗枋港內放潮位計。

WOCE兩年的連續觀測成果已成為最近20年裡黑潮研究的關鍵基石之一。觀測結果的亮點包括：穿過PCM-1黑潮平均流量為每秒20.9 ±3.5百萬立方公尺，相當於每秒輸送一萬個奧運標準游泳池的水量。流量之季節變動並不明顯，主要是季節內震盪，變化週期約100天左右，這幫助我們對黑潮更加了解：從「隨著季節變動」的概念，擴大到黑潮因海洋裡西行中尺度渦旋撞擊後，引發的100天左右的變化。這是WOCE觀測很重要的一個結果。

2012到2015年OKMC、OKTV啟發新題材

承續WOCE的精神，2011年底，臺大海洋所物理組的老師們討論下一個多年期整合研究計畫的重心應如何設定，後來決定跟美國海軍研究處（Office of Naval Research，ONR）主辦的「黑潮與民答那峨海流之起源」（Origins of Kuroshio and Mindanao Current，簡稱OKMC計畫）結合。我們聚焦在臺灣東部的黑潮流量變異觀測。

世界海洋環流實驗
WOCE（World Ocean Circulation Experiment）

世界海洋環流實驗計畫標章（資料與圖片來源：https://www.ncei.noaa.gov/access/metadata/landing-page/bin/iso?id=gov.noaa.nodc:NODC-WOCE-GDR）

1990到1998年的「世界海洋環流實驗」是世界氣候國際合作研究計畫下的一個全球海洋觀測實驗，簡稱WOCE。

1998年觀測工作告一段落後，接著有4年的海洋數值模擬研究，直到2002年為止。1990年當時醞釀WOCE國際合作的原因包括（1）全球海洋洋流與溫鹽度的觀測區域稀少，時間上能均勻涵蓋一年四季的資料也很稀少，尤其像南半球大洋及冬季期間的觀測資料更是少之又少，希望加強補足此部分的研究資料；（2）在WOCE之前的觀測資料，時間、空間解析度都不夠，不適合用來校驗大洋環流數值模式模擬結果；（3）以前的觀測資料準確度、品質等可能都有些疑慮，不確定因素包括觀測地點的定位、探針精準度等。

基於以上原因，亟需要一個國際合作的觀測實驗，在統一的標準、準確度跟解析度下，同時觀測全球洋流，以符合全球海洋環流數值模式結合氣候預測的要求。

　　當時由我負責撰寫整合計畫書，準備以總主持人身分帶領團隊測量黑潮，推動一個跨領域的「黑潮流量與變異」探測計畫（Observations of the Kuroshio Transport and Variability，簡稱OKTV），運用研究船和錨碇在海中的儀器訂出一個在花東海域為期3年的流速、水文、生物探測。

　　因為某些緣故，後來商請唐存勇教授出馬擔綱主持人，我則打點

安排出海探測各項事務，以及負責與美方聯絡相關合作事宜。2012年整合計畫通過補助，當年9月我即帶領海研一號1012航次，開啟OKTV計畫在花蓮KTV1、綠島KTV2、蘭嶼KTV3三條測線的水文、流速、生物首次的系統性探測。

OKTV計畫在花蓮海域進行多樣化的探測

自花蓮港往東到東經123°的黑潮KTV1斷面裡，進行多樣化的探測。

A. 以海研一號研究船布放錨碇都普勒流剖儀（ADCP）。

B. 以浮游網採集浮游生物。

C. 收回布放在海底的顛倒式聲納及壓力儀（PIES）。

D. 下放CTD及採水瓶。當黑潮流過CTD鋼纜時產生一串泡泡，流速之強肉眼可見。

（攝影：詹森）

上：2016年11月13日在海研一號後甲板布放被包在橘色大浮球裡的錨碇都普勒流速剖面儀。 右：2018年5月18日收回同一都普勒流速剖面儀。（攝影：詹森）

浮游生物網拖上來後，從網子尾端「洗」出來的浮游生物。在臺灣東邊的黑潮流幅裡，通常愈近岸、撈到的浮游生物愈豐富；反之，愈往東至黑潮東測，水愈乾淨，浮游生物愈貧乏。

下放鹽溫深儀及採水瓶，黃色筒狀上有4個紅色圓盤音鼓的儀器是音頻為300千赫（kHz）的都普勒海流剖面儀，分別向上、向下測大約100公尺範圍內的流速剖面。黑灰色的採水瓶下水前球形閥蓋是關著的，下了水到一個設定的水壓值以上才自動打開。(攝影：詹森)

　　2012年開始OKTV計畫之前，學校老師上課所教的、書本上的、論文裡的資料，都說臺灣東邊的黑潮夏天時離岸比較遠，冬天則因為東北季風作用在黑潮上層，造出向岸的艾克曼通量，所以離岸比較近。聽起來頗合理，早年少數的觀測資料亦如此呈現，因此，OKTV計畫的第一個期望是具體觀察到此現象。計畫執行兩年多後，根據新增的觀測結果，看到的卻不像如此。

　　另外一個學界普遍的說法「黑潮從呂宋海峽到綠島附近似乎分成兩股流，呂宋島弧東西側各一支」；後來根據觀測顯示，有時的確如此。此外，「黑潮的範圍怎麼定？用水團？流速結構？抑或衛星遙測海面高度？」，當時眾家學者各執其詞，並無定論。

　　為了在論文中明確框出黑潮的範圍、地理位置，研究團隊在水團、流速之間幾經斟酌，最後決定用北向流速大於等於每秒0.2公尺，做為黑潮主流的範圍，並以此流速標準清楚地畫出黑潮左、右邊界跟深度。0.2這數字並非隨意定之，是黑潮最大流速平均值每秒1.5公尺、再以1.5公尺指數遞減2次(2 e-folding) 得出的大小。

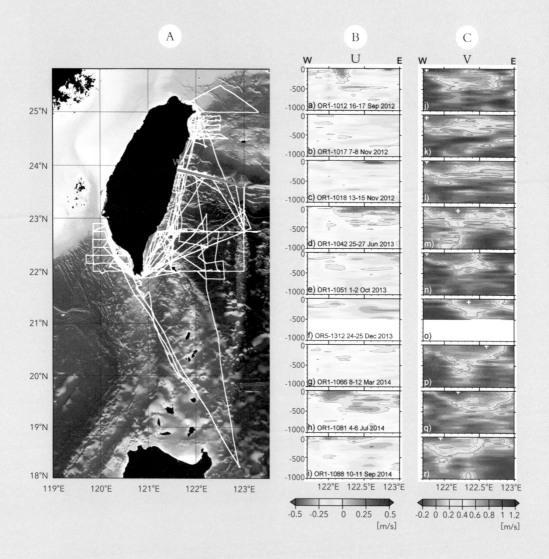

OKTV計畫中，9個研究船航次觀測所得的黑潮流速

Ⓐ白線是航跡，藍線是流速斷面長期測線；Ⓑ顯示東西向速度分量；Ⓒ顯示南北向速度分量。Ⓑ與Ⓒ圖縱軸水深由0至1,000公尺。

Ⓒ圖中北向流速較快的位置（顏色愈接近紅色流速愈大）可以代表黑潮主流位置、寬窄、厚薄，9個航次觀測的結果都不一樣。（製圖：詹森）

OKTV和OKMC合作計畫的部分成果彙整在2015年12月美國海洋學會出版的《Oceanography》雜誌專刊〈A new look at the low-latitude Western Pacific〉之7篇論文中，對北赤道洋流的分歧以及黑潮的起始、成長、擾動、體積通量、熱輸送量、營養鹽通量等，均有深入淺出的說明；更重要的是啟發了很多新的研究題材，例如海洋中尺度渦旋碰觸到黑潮時產生的一系列流場變化、黑潮等溫及等密面近岸抬升帶來的營養鹽、黑潮以下的深海反流、黑潮流過陡峭海底地形產生的各種擾流等。

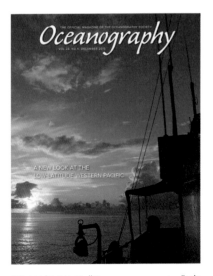

2015年12月《Oceanography》出版的黑潮與民答那峨海流研究專刊〈A new look at the low-latitude Western Pacific〉。本期刊登了當時臺美合作觀測實驗的7篇相關研究論文，是一份研究黑潮和民答那峨海流很重要的參考文獻。(資料來源：詹森)

OKTV開啟的觀測工作目前仍在國科會補助下進行，研究重心除了數個月的一、兩百公里中尺度黑潮變動，也朝黑潮海域次中尺度變化、小尺度不穩定擾動和紊亂研究邁進。另外，隨著日積月累的觀測，逐步建立黑潮氣候尺度變動的基準。

3 東部黑潮大發現：Seaglider解開如千層派的水文構造

水下自主觀測載具的發展跟實際應用，已超過30年了，其中一種是在海裡面如同在天空中的滑翔機一樣，利用陀螺儀的慣性指引方向、能夠自主導航游走航行的「水下滑翔機」——「Seaglider」。

2016年12月15日下午大約1:45，美國海軍測量艦「鮑迪奇號」(USNS Bowditch)正在菲律賓蘇比克灣西北方50浬的國際水域回收兩具

叫做「Slocum」的水下滑翔機觀測儀，即水下自主觀測載具 (Unmanned Underwater Vehicle，UUV)；同時在另一頭距離約450公尺的中國大陸海軍救難艦 (ASR-510) 遠遠看到後，立馬放下小艇「攔截」其中一具水下滑翔機。鮑迪奇號艦長立即以無線電通知中方救難艦馬上歸還，卻遭已讀不回。事後的新聞裡，美方稱中國大陸海軍「偷」了這具中方堅稱「救回」的水下滑翔機，雙方隔空爭執引起不小風波。最後中方循外交管道還機，這場海上探測引起的爭奪戰才告落幕。但此事掀起的漣漪，意外地引起大眾好奇，這支2公尺長的黃色「大玉米」究竟有什麼好爭的？水下滑翔機真有那麼厲害嗎？

2020年2月在美國加州聖地牙哥舉行的海洋科學大會 (Ocean Sciences Meeting) 會場裡，廠商展示水下自主觀測滑翔機 Slocum glider。(攝影：詹森)

2015年，國科會海洋學門核定通過補助黑潮探測計畫 (OKTV) 探購一具水下滑翔機。在取得美國的輸出許可，並完成校內採購等一連串行政手續之後，2016年全臺第一具水下滑翔機Seaglider終於交到臺

大海洋所。這是我們歷經10年、協助美國大學研究機構收放水下滑翔機的「代工」努力後，首次向國科會申請並獲得補助採購的機器。

　　貨到後，海洋所隨即組成觀測技術操作團隊，包括一位操控員 (pilot)、一位任務領隊、二到三位協助維護的技術人員、二到三位於任務期間監看每次下放收回狀態與資料的負責人員，再加一個二到三人的船上布放或回收任務小組，是個分工頗為細緻的操作團隊。

　　這支臺灣第一具水下滑翔機在2016年12月首航，我帶隊海研一號，從高雄港出發到鵝鑾鼻東南方放出去。2016年12月到2017年3月之間，它在東部黑潮流域跑了兩回合三角形測線，從綠島附近向東達東經124°，向南跑到北緯21.5°，從海平面到水下1公里深之間，一路前進、上上下下記錄水文、溶氧、螢光（可換算葉綠素濃度）、海中懸浮顆粒的光後散射強度（強代表水中顆粒相對多、比較混濁）等物理量。

在海研一號後甲板下放水下滑翔機（Seaglider）及水下滑翔機下水後浮在海面的姿態。（攝影：詹森）

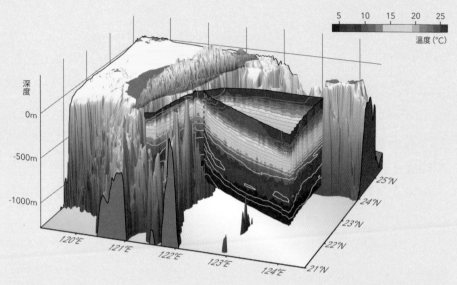

2016年12月到2017年3月之間，臺灣第一具Seaglider在東部黑潮流域跑了兩回合三角形測線，看到前所未見的精細海水溫度剖面構造。（製圖：郭天俠）

Seaglider臺東迷航記

2017年3月，這具水下滑翔機即將回收了。孰料，回收前幾天的某天傍晚，晚飯過後，我從電腦螢幕這端監看水下滑翔機的路徑時，赫然發現它從綠島北邊一下子往北跑了10多公里，多年海洋觀測的經驗馬上告訴我大事不妙，可能被某種跑得很快的東西，也許是漁船，拖走了。隨即通知全臺唯一的水下滑翔機操控員楊凱絜博士（臺大理學院貴儀中心技術員）查看究竟。

根據當時水下滑翔機傳回的紀錄，只知道下潛到200多公尺就上來了，原因不明。當晚又請美國華盛頓大學的克瑞格·李（Craig Lee）教授幫忙查看水下滑翔機的紀錄是否有什麼蛛絲馬跡可循，結果看出Seaglider正處於「浮力極大、平躺」的狀態。整晚「儀器丟了、被擄走了」的可怕念頭一直在我腦海盤旋不去，難以入眠。每隔幾分鐘就想看看電腦螢幕上水下滑翔機是不是傳回什麼訊息。

三更半夜，水下滑翔機突然傳出一個GPS位置，顯示在臺東新港漁港北方某個小港外。我隨即傳訊息給人在海研二號帶隊、剛好在附近進行黑潮探測的張明輝教授，領著海研二號過去「攔截」，可惜什麼都沒碰到。

　　徹夜未眠。直到早上5點多，又發現「浮力極大、平躺」的水下滑翔機進了成功港。此刻馬上想到水試所東部中心的海哥江偉全，管不了他是否仍在睡夢中，打了電話過去，那頭一直沒人接，我這頭則急得像熱鍋上的螞蟻，每隔一、二十分鐘就打一通。

　　一個小時後，海哥終於回電，淡定地問：「學長，什麼事？我剛剛在晨泳，由游泳池起來後發現一堆人在找我。」我把事情緣由跟海哥大致說明後，沒多久，海哥來電，說一支黃色大浮筒已經由安檢所送到水試所東部中心樓下了。原來這具水下滑翔機被臺東新港的延繩釣漁船「釣」到，船家曾經受海哥委託幫水試所做過海上實驗工作，對海裡

Seaglider臺東驚魂記
2017年3月某日傍晚，序號SG628的水下滑翔機在臺東成功外海被延繩釣漁船釣起，漁船進成功新港後，水下滑翔機從船上被卸貨下來，結束一晚上的驚魂。(攝影：江偉全)

的觀測儀器有些概念，因此，釣到這支大黃魚後，就把它搬上漁船，小心翼翼地帶回新港交給水試所東部中心。還好水下滑翔機平安歸來，否則我得寫悔過書了。

數算一下，87天期間，水下滑翔機總共完成434次下潛（至1,000公尺深）跟上升，總水平航程2,095公里，相當於從臺北航行到東京。一具水下滑翔機售價相當於使用海研一號研究船16天的成本費（一天40萬臺幣），以一樣的觀測來比，水下滑翔機的性價比相當高，但研究船的功能仍有其不可取代之處，例如施放及回收錨碇在海裡的儀器、拖曳水層或海床觀測儀器、採取海底底質或鑽取岩芯、採集海水或水中浮游動植物、操作水下遙控載具等。

層層相疊黑潮派

回過神來，仔細分析Seaglider的觀測資料，赫然發現花東外海黑潮強流之下的水團層疊水文結構，不是我們長期以來「以為」的是「平滑分布」的印象。我們看到在黑潮影響的海域裡，當兩個溫、鹽度互異，密度差不多的水團遭遇時，不是混合成新水團；而是形成兩股水團上下交錯層疊的水文結構，每層水平長度從10到100公里不等，層與層的厚度大約50公尺，像鹽度剖面圖裡呈現的層層相疊現象。

兩個水團間彼此層疊的發生過程頗為複雜，基本上是從水團之間界面上的擾動開始發展，藉著複雜的雙擴散過程（Double diffusion），沿著等密度面長出來，看起來像是互相侵入對方勢力範圍內，形成像在黑潮斷面裡（尤其在500到800公尺深之間）鹽度層疊現象。

海洋學界愈來愈多的觀測顯示，這類型的海洋次中尺度過程（Submesoscale processes）對調節海洋物理、生物、地球化學等參數的時空分布相當重要，當然也是影響數值模擬氣候變遷的關鍵因子。我們的觀測與研究結果，除了為各大洋西方邊界流（如黑潮之於北太平洋西邊）帶

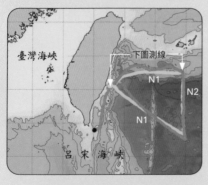

水下滑翔機 Seaglider 連續觀測得到的
黑潮橫斷面 1,000 公尺深的鹽度分布

由黑潮斷面中鹽度大小的細微差異，可以
辨別在 400 到 800 公尺深度之間有多層低
鹽、高鹽不同的水團堆疊在一起，堆疊的
水平長度可達 80 到 100 多公里，每層厚
度大約 50 到 100 公尺不等。（製圖：王釋虹）

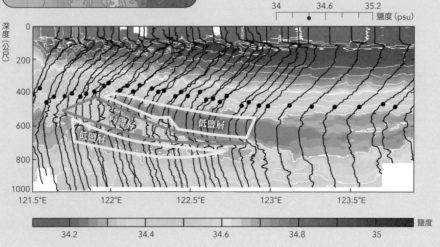

來新穎的物理與生地化研究課題外，也提供了改善氣候模式的全新動
力因子。此外，雖然這種次中尺度的水團層疊現象在北極海、大洋和
近赤道海域等低流速的環境裡、水團交匯處常被觀測到，但在西方邊
界流等強流區之觀測和研究，目前仍然非常稀少。這些觀測除了幫助
我們了解大自然流體變動的複雜性，更能運用其結果回饋到數值模式，
用以改善氣候模擬的準確性。

　　水下滑翔機觀測發現的次中尺度過程可能比全球尺度數值模式的
網格還要小，因此，如果我們不知道真實海洋裡有這些過程，或是模
式模擬不出來（例如網格太大、動力方程式不完善等），結果將導致「模擬誤

水團層疊形成原因

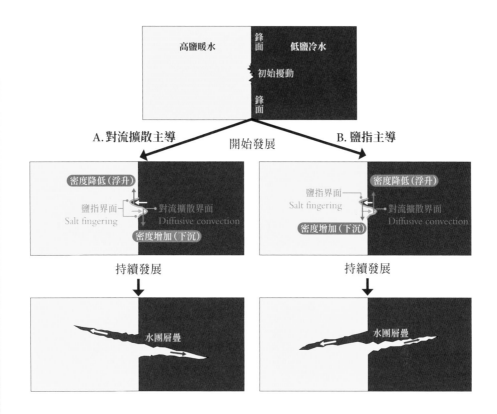

水團層疊現象起始於同密度的高溫、高鹽水團與低溫、低鹽水團交界面的小擾動，擾動若愈長愈大，將發展出鹽指（salt fingering）、對流擴散（diffusive convection）兩種物理過程，造成密度差。

A 若密度變化在擾動區是以低溫在上、高溫在下的對流擴散為主（淺藍色界面），則向左入侵的低鹽冷水因混入暖水逐漸變輕，而持續的向左上方伸展，向右入侵的高鹽暖水混入冷水則逐漸變重、向下、向右延伸，發展成一對水團層疊現象；

B 若密度變化是受高鹽水沉向下、低鹽水浮向上的鹽指現象所主導（橘色界面），則向左入侵的低鹽冷水混入高鹽水變重而持續向左下伸展，向右入侵的高鹽暖水則混入低鹽水變輕而向右上伸展，長成與 A 上下方向相反延伸的水層層疊現象。（製圖：詹森）

差」，例如海洋混合太快、海流變動太平滑等不符實際海洋的結果。在模擬氣候長時間變遷過程中，這些「小」誤差隨著時間累積，將導致長期下來的誤差(例如全球增溫現象)會愈來愈大。所以，如果愈多這種新發現能夠回饋到模式的動力機制，就能使得數值模擬的結果愈接近眞實，那麼，預報未來的結果就會愈可信，也就能改善氣候模擬的準確性。

從操作水下滑翔機得到的觀測結果來看，除了發現自然流體力學的奧妙，更有意想不到的附加價值。

國際能見度是靠觀測實力一點一滴建立起來的。黑潮裡水團層疊的論文很快獲得國際同儕的注意，臺大海洋所黑潮觀測研究團隊隨後獲得國際合作的機會，受到全球大洋邊界海流觀測網計畫(OceanGliders Boundary Ocean Observing Network，BOON)發起人，美國加州大學聖地牙哥分校史奎普斯海洋研究所(Scripps Institution of Oceanography)的丹‧盧德尼克(Dan Rudnick)教授及華盛頓大學應用物理實驗室(Applied Physics Laboratory)的克瑞格‧李教授邀請，和來自英國、加拿大、南非、澳洲等國家的觀測團隊，一起加入成爲BOON任務指導團隊(Steering Team)成員，負責臺灣東邊的黑潮長期觀測。這些當然也跟臺灣位處黑潮邊緣重要的地理位置優勢有關。

總之，這一支2公尺長、黃色紡錘狀的水下滑翔機Seaglider，其機殼體內的水下類人工智慧行爲(AI)及強韌的耐海性能，可以說把臺灣海洋界在黑潮裡的探測技術及大洋觀測能力，推向一個嶄新的紀元。另外，水下滑翔機是臺大海洋所、甚至臺灣海洋學界跟國際接軌的橋梁之一，也爲臺大海洋所楊穎堅教授主持的颱風浮標觀測網帶來觀測颱風的機動性。

國際合作大洋邊界海流觀測網計畫BOON

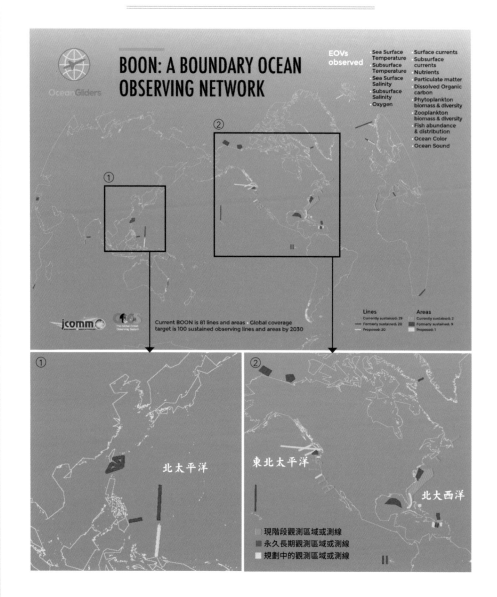

BOON（OceanGliders Boundary Ocean Observing Network）宣傳摺頁顯示參與水下滑翔機觀測各國的測線與區域。此圖顯示目前的永久觀測海域或測線卽使在北美洲東西岸都還很稀少，北太平洋這邊也僅臺灣東及東南方由我們維持了幾條測線。要建立綿密的邊界海洋觀測網，還有很長一段路要走。（製圖：詹森）

CHAPTER 10

黑潮與我，
以及那些參與海研的朋友們

1 回想年少往事：黑潮如何進入我的生命

投身海洋研究工作多年的我，在海上歷經了許多起落後，不禁回顧起年少往事。中學時期，其實並未想過要往地球科學、海洋學發展。1970年代唸高雄中學時，還沒有地球科學的概念，對地球科學唯一的印象是地科老師拿了一盒殘缺不齊的岩石標本到課堂上來展示，而其中一塊石頭被不知哪個調皮的同學改成糞起石，意思是糞坑裡撈起來的石頭，有點誇張的揶揄。那時大家對海洋的認知，恐怕僅止於跑船跟捕魚。

在那個大學聯考填一長串志願的年代，高中同學幾乎都上了理工科系，但就是沒有人讀地球科學。大學四年主修機械工程畢業後，幾經考慮，我做了機械工程的逃兵，加上大四時因爲聽信同學「謠傳」臺大海洋所跟海軍要造潛艦有關，心想轉換跑道到一個陌生的海洋科學領域又跟機械有點相關，這個選擇也許不錯，就此誤打誤撞地考上我「以爲」是在造潛水艇的臺大海洋所。還記得註冊第一天開開心心地到臺大舊體育館工學院攤位報到，卻找不到海洋所的招牌，那時才恍然大悟，海洋所屬於理學院。此後接觸的物理海洋學，看似機械流體力學、卻又好像完全陌生。跌跌撞撞地在海洋所中浮浮沉沉。

永遠不會忘記學生時代第一次搭乘海研一號到東北海域出海實習的慘痛經驗。時值東北季風呼嘯時節，鋒面來襲，船身搖晃，柴油味夾雜著油漆味，暈船暈得奇慘無比，吐得一塌糊塗。3天航次結束進港後，搭著客運車從基隆回臺北，路途上遙望遠方沈思許久，心想，為何選擇走這行呢？天涯何處無芳草。到了海洋所門口，同學們喧嚷發誓，若有幸從海洋所畢得了業，從此不再踏入海洋研究這行。

跟著指導教授陳慶生做波浪與紊流交互作用實驗，整天與水槽、造波機、振盪網格、雷射測流儀為伍。說來慚愧，拿到碩士學位時，其實對臺灣東邊的黑潮仍然一知半解、甚至陌生。記憶停留在高中地理課學到的親潮（Oyashio），那是從日本北海道沿岸南下的洋流，碰到南來的黑潮（Kuroshio）時，便形成了豐富的漁場。

當完兵後，找不到夢寐以求的工作，就繼續唸書，開啟一段三十年學中做、做中學的海海人生不歸路。如今回想覺得幸運，沒有把自己局限在機械專業上，也沒有因為出海暈船就真的意氣用事的離棄海洋。讓自己放膽試著去了解不同領域在玩些什麼、做些什麼，以及怎麼解決問題，這過程漸漸發現自己真正的興趣，闖出另一番新天地，激發出生命潛力。若不咬著牙、硬著頭皮堅持下去，也不會開展出新的機會。跳進黑潮帶來的複雜海洋系統中，我再也沒回頭。這條當時年少意氣、想要背離的道路，一走竟走了三十多年。

努力嘗試將黑潮研究成果視覺化

致力海洋科學視覺化，是近年來支撐我在此領域持續前進很大的動力之一。由於海洋科學牽涉到物理以及數學，非常抽象，因此，如何把複雜科學背後的物理過程、數學理論視覺化，也就是科學知識圖像化，我認為是讓科學普及於大眾一個非常重要的手段。

圖像要能讓人一目瞭然，需要具備幾種能力，一是對呈現的動力

過程非常清楚，二是空間觀念要好，三要有素描基礎，四要精通數據電腦繪圖與繪圖軟體。或許這份興趣早就在我心中扎了根。

當年在讀碩士班時，我曾試著協助指導教授陳慶生畫了一張黑潮圖，示意在臺灣東北海域的黑潮撞到東海大陸棚而產生湧升流的狀態，這是我使用機械製圖訓練，徒手畫出的第一張黑潮科學視覺化的作品。爾後，隨著興趣愈來愈高以及研究需求，繪圖軟體的使用技術隨之不斷增進，加上黑潮觀測及知識大幅增長，繪製出來的黑潮各種示意圖似乎也愈趨真實了。

2 海上真實的一天

或許有人會對海上研究工作有一些美好的想像，像是「搭著郵輪到海上度假」、「每天可以釣魚吃海鮮」……，然而，實際上海洋研究者的一天是如何度過的呢？

研究人員在研究船上的每一天，除了甲板上的工作外，還要時時監看探測資料、確保資料品質、當場分析探測結果並互相討論、協調海水樣本分配、緊盯探測工作進度、隨時注意探測工作安全等等。自從船上有了衛星通訊，還得收發電子郵件處理公事，經常向管理單位、主管機關回報探測跟研究船狀況。另外就是在電子儀器室裡東家長西家短，聊聊每個人生活的大小事。

除此之外，還可以畫畫保麗龍杯、玩壓杯。海洋的水壓差不多是每向下 10 公尺增加一個大氣壓，所以在水深 1,000 公尺處的壓力大約是 100 加海面上 1 個大氣壓，即 101 個大氣壓，相當於 100 多公斤的力作用在 1 平方公分的面積上。保麗龍杯到這個深度時，不是被壓碎，而是被等比壓縮，差不多已是保麗龍能被壓縮到最小的極限了。杯壁上畫的圖案也是等比縮小，挺有意思的。

這是2014年7月7日，海研一號1081航次黑潮探測的保麗龍紀錄杯。我們在電儀室畫保麗龍杯、壓杯子打發時間。左、右兩張照片底下是同一張A4大小的紙。（攝影：詹森）

保麗龍杯壓杯也是一種藝術。在保麗龍杯弧面上畫圖不比在平面上作畫，要畫得有模有樣的話，需要一些技巧和藝術細胞，加上不能太暈船。用馬克筆畫才不會下水就糊掉，也不會把保麗龍溶壞。（攝影：詹森）

偶能休閒畫畫保麗龍杯之外，大多時間的工作其實非常緊湊。但在海上生活，往往有意外且美麗的驚喜。天氣好的時候，每天可以看到氣宇萬千的日出和壯麗絢爛的日落，偶有白腹鰹鳥來伴航，還有海豚湊過來逗熱鬧，跟著研究船一起前進嬉戲，運氣更好時，則會在海上看到超級月亮秀。

上：藍臉白腹鰹鳥　下：長吻飛旋原海豚（飛旋海豚）(攝影：詹森)

海豚在新海研 1 號船舷邊隨船前進邊戲浪。（攝影：詹森）

花蓮東方氣勢磅礡的日出。2017年7月22日海研一號1233航次黑潮探測，在花蓮東方90浬處05:15、05:17所見的日出。（攝影：詹森）

親眼見到傳說中的火燒島。小學時曾聽鄰居伯伯講過火燒島是關犯人的地方，聽起來
挺可怕的。1979年上了高中之後，才從報紙新聞知道關政治犯的綠島就是火燒島。
直到2012年開始進行黑潮探測，當研究船經過綠島附近，從海上視角望去，我終於
見識到什麼是火燒島。這名稱緣由雖非如此，但夕陽餘暉映在島後，確有幾分火燒的
意境。(攝影：詹森，2015/11/9 16:55)

2020年新海研1號003航次東部海域測試。航行中在花蓮外海出現難得一見的內虹
外霓。(攝影：詹森，2020/10/13 16:39)

2016年海研一號航次花蓮東方海域上空驚鴻一瞥「超級月亮」。

2016年11月14日，遇上少見的「超級月亮」。超級月亮是幾乎與近地點重合的新月或滿月，月球在其軌道上最接近地球。晚上7:03在駕駛臺左側賞月時，突見月下天空依序由左而右亮起4個光點，匆忙間拿起相機趕緊拍下，自動對焦都還來不及抓準。從我的視角看這些光點像是停在原位不動，持續7、8秒後陸續熄滅，感覺好像飛機放出照明彈，但又看不出飛機飛過的蹤影，且光點似乎定住，看不出有下墜的現象。此現象不太合理，我又不相信有幽浮UFO，那到底是什麼？迄今仍是個謎。當晚其實見到兩次，全船只有我看到，第一次來不及拍下存證，第二次幸運地拍到了。

(攝影：詹森，2016年11月14日)

3 一生奉獻海研的小人物

　　各行各業中總有些不可或缺的小人物，人稱老孫或孫老爹的孫漢宗先生，就是這樣一位沉默的勇者。孫老爹奉獻一生，協助海洋學界將在海上蒐集到的資料加以細心整理，其貢獻功不可沒，甚至包括早期在黑潮的探測工作裡，也有孫老爹的蹤影。

　　孫老爹，1930 年出生於浙江，1949 年跟著中華民國海軍從大陸轉進來臺。1973 年軍職外借到臺大，第一天到學校連東、西、南、北方向都搞不清，好不容易找到了海洋所報到，隨即上了九連研究船。當時九連已經過改裝，加裝了人造衛星導航系統、震測系統、水文儀等儀器，由海軍除役移撥給國科會，再交給海洋所管理。

　　認識老孫是我在 1986 年唸碩士班第一次上海研一號出海實習時。那次出海，我跟同學兩人住醫務室，船出了基隆港便往東北海域進行黑潮邊緣探測任務。出海後沒多久，我和同學兩人都暈船，躺平在床上。船晃來晃去，我睡下鋪暈到開始冒冷汗，頭、胃非常不舒服，忍耐到極點實在受不了，跳下床鑽進廁所、一股腦兒地狂嘔、嘔到臉色發青，完成暈船三部曲：冒冷汗、胃脹難受、嘔吐，之後嘴裡都是比酸梅還要酸的酸中帶苦味。早上、中午吃下胃裡的東西吐乾淨後，接著就嘔膽汁。吐完後，頭痛稍緩，躺回床上好不容易睡著了。隔天早上起來居然好多了，頭不暈、胃也不脹，由一條蟲又變回一條龍。

　　我同學情況可沒那麼暴起暴跌，他雖也是暈到要到廁所吐，但沒像我嘔得那麼慘烈，卻幾乎不太能吃喝。老孫那時候是探測部門技士，知道這情形後，中午端了一碗清粥到醫務室來給同學，囑咐暈船吐完還是要吃點東西壓壓胃，就這樣照顧了我同學 2 天，直到回到基隆港。那次出海後，要能碰到老孫，都只有在海研一號出海時。

　　再次碰到老孫，是多年後我當完野戰砲兵官退伍回來，到海洋所

奉獻海研的小人物孫老爹(資料提供：何文華)

1973年孫老爹(孫漢宗先生)在九連研究船操船及協助採水工作。

1993年在德基水庫布放流速儀(左1：詹森、左3：何文華、右：孫老爹)。

2018年11月在臺大海洋所50週年所慶大會上，孫老爹侃侃而談當年軍職外借到臺大海洋所報到，在臺大校園裡碰到迷路的糗事。(攝影：詹森)

當助理再唸博士班時。老孫從海研一號退休下來，受聘到海洋所擔任計畫研究助理，繼續為海洋探測奉獻。那時起，我就跟老孫同辦公室，直到畢業離開為止。那5年期間，我跟老孫可說是同甘苦共患難，除了研究船探測，我們曾一起搭塑膠管筏漁船到高雄南星填海造地計畫海域、桃園竹圍海域放儀器做觀測，在臺北港八里污水處理場外海域放海流儀及做鹽溫深水文探測，搭過直昇機從高雄到臺灣灘的中油租用鑽油船上收放海流儀，甚至到武陵農場上方德基水庫裡放過流速儀測水流。老孫平常的工作是把所有海上探測使用的儀器清理保養好，因此在海洋所前面道路上常常看到他的身影，把鋼索展開上防蝕油，把所有鋼索、纜繩、U型環、旋轉環、螺絲、錨碇水泥塊、浮球等雜七雜八的耗材，分門別類整理好，等待下一次出海工作使用。工作看似簡單，但要做好確實需要付出極大的心力。

　　每次出任務前，老孫會把所有儀器電池換好、參數設定好，備齊所有錨碇串設計圖，把各種錨碇器材分類、編號、綁標籤排列好，有條不紊。我們一隊人馬出去作業幾乎都是人到就好，剩下的事就是按設計圖，把分門別類好的器材一樣一樣組裝起來，放下海輕鬆完成。

　　老孫有個不太好的習慣，幾十年來工作時永遠菸不離口、口不離菸，早年沒有校園禁菸這回事，老孫連坐在研究室寫工作紀錄時都菸不離口，有陣子還抽雪茄。我的反應通常是趕快把抽風扇開到最強，不然就是離開研究室出去走一陣子。老孫抽菸最神的一點是可以抽完整支菸，菸屁股從不離口，菸灰完整不離菸屁股。

　　老孫於2022年11月以92歲高齡辭世。大家尊稱孫老爹的他，絕對是臺灣海洋探測歷史洪流中的傳奇人物，終其一生奉獻給中華民國海軍及臺灣海洋學界。40年的海洋探測工作歷程，雖然偶有失誤，例如1990年代做東港外高屏峽谷研究幫老師放一串海流儀錨碇在峽谷裡，當錨碇重錘從海研一號後甲板「1-2-3 Let go」放出去後沒多久，

老孫叼著菸跑來跟我說，錨碇串跟重錘連接的釋放儀開關好像忘了旋到開的位置……，但其對工作一絲不苟、兢兢業業、重倫理、負責到底的態度，絕對是我們的典範。海洋學界及研究船如海研一號上，其實還有不少這樣堅守本分的小人物，少了這些人，絕對撐不起今天的臺灣海洋探測成果。

提了老孫，就一定要再回溯張湘電先生這號人物。我不認識張先生，在我接觸到海洋研究所時，他已離世，但從老師們的口中，可以想像得出張湘電這號元老級人物，對臺灣在研究船探測工作上的創始、教育與貢獻無人能比。

張先生早年任海軍海道測量局（現在大氣海洋局的前身）中校測量隊長，1960年代被海軍選為種子教官，送到美國學習海洋測量，當時還參與了美國研究船在印度洋的海洋調查。臺大海洋所在1960年代創建初期，張先生跟老孫一樣軍職外調到海洋所，協助首任所長朱祖佑教授建立九連研究船探測作業技術，並在船上帶領執行探測工作。其後自海軍退役，轉任海洋所首任探測技正，同時也在海洋大學、文化大學之海洋相關科系教授「海洋儀器與觀測」，為臺灣的海洋探測技術播下種子。1986年張先生以61歲之齡過世，當年在美國受訓所用的教材及後來在研究船上的探測紀錄等文物，現均保存在海洋所展示。

一通來自李安的電話？電影裡的海洋科學

我曾經跟大導演李安在電話上有過一段對話。

2011年暑假一個燠熱的下午，正在辦公室裡吹著冷氣時，電話鈴聲突然響起。在那電話詐騙猖狂的年代，那端傳來不熟悉的聲音，尤其又帶有一點香港口音的國語，我正想掛掉，但這次卻沒有。對方問，你是不是某某，我說是，然後請我等會兒，說明李安導演要找我。

聽到此處，好奇心作祟，就繼續等待下去，想看看會發生什麼。接著，電話中傳來一個稍低沉、帶點磁性的聲音道：「我是李安，你是我高中同學嗎？」，我趕忙回不是、不是。緊接著對方的話題跟語氣似乎很快就轉變了，變得非常嚴肅認真，「是這樣，我正在臺南拍部片子，大意是說有艘船在東亞西太平洋這邊碰到風暴，船沉了，但有人幸運地爬進救生艇，一路漂流橫渡太平洋，最後到了墨西哥海岸獲救。我要問問你們學海洋的，有沒有可能呢？我想查證一下。」

當時心裡雖然覺得有點誇張，但不像詐騙，於是我很專業地回答說：「太平洋赤道附近洋流大概分成三股（見30頁全球洋流圖），北赤道洋流（North Equatorial Current）、南赤道洋流（South Equatorial Current）分別位於南北緯10°到12°附近、由東而西流，兩者之間是由西向東流的北赤道反流（North Equatorial Counter Current），跟著漂是有可能漂到太平洋東岸的。」

後來再閒話了一兩句，大約10分鐘雙方就說拜拜再聯絡。這就是自稱李安導演的男子。

這段插曲之後被當成上課串場及茶餘飯後聊天的玩笑，很快煙消雲散。

差不多一年後的2012年，我居然看到李安導演拍的片子《少年Pi的奇幻漂流》火紅上演，劇情正有幾分像我被問到的事情。也算是一段奇幻的電話漂流記吧。

研究船的故事

新海研1號是一艘具備海洋物理、化學、生物、地質與地球物理能力，加上擁有基本大氣觀測能力的多功能研究船，其任務是以這幾個研究領域的海上探測與實驗爲主。2024年再加裝上長程氣象觀測雷達後，將大幅增進海上大氣觀測能力。

得來不易的新海研1號

新海研1號的建造歷時4年，對我來說，全程參與造新研究船是個全新的經歷。

2016年初，國科會正式啟動研究船海研一、二、三號汰舊換新計畫，準備以新船取代臺大、中山、海大已經營運二十多年和三十多年的舊船。海研一號是艘在臺大海洋所「出海」的老師們一脈傳承、悉心照料的研究船，雖然戰力仍有八、九足，但跑黑潮、西太平洋、南海太平島已愈來愈吃力，加上船載探測儀器不斷推陳出新，國際上對船的環保法規也愈來愈嚴，舊船的油、水、氣排放不符現代標準，因此亟待汰舊換新。

研究船汰舊換新小組裡，經學校同意海洋所的代表有王冑教授和我等人，我們在新船規劃小組裡的整體建議是，打造一艘1,000總噸級、兩艘500總噸級，以汰舊換新800噸的海研一號和兩艘350噸的海研二、三號。1,000總噸級的設計參考海研一號的布置與動線，船長增加10公尺，可多4間雙人房住艙，也有比較大的後甲板工作空間，採符合環保法規的柴油機直接推進，甲板機械保留捲網機，方便收放深海錨碇，船艏要設置氣象塔等。這份建議書是考慮到營運經費可能不會大幅增加，而船員編制不變、政府機構依法定的薪資水準可能難以請到高素質的船員，因此輪機與吊放設備應耐用易操作維護、油耗不能增加太多等因素所做成的。

爲了造新船，2016到2019年這4年來，我們和國科會、台船、計畫管理公

新海研1號船上配有的先進設備

兩套分別針對淺海以及深海探測的多音束測深儀，以及變頻聲納底質剖面儀：可以精確掃描海底地形與海床沉積物結構，大幅提升大陸礁層構造測繪與海底資源探勘能力。

船舶動態定位系統：可精準控制研究船在變動海洋環境下的位置，準確地採取海底岩芯樣本及控制水下遙控無人載具。研究船要在海床上精準的打一根沉積物岩芯，就像從101頂樓吊一根繩索垂到地面一個直徑只有10公分的孔內一樣困難，因此，船舶動態定位系統的重要性可見一斑。

船艏氣象觀測塔加上人造衛星即時通訊與機動力：此設備等於是中央氣象署海上高解析度氣象觀測的延伸，可以在海上追蹤並精準測量海洋與天氣變化，同時將觀測資料即時傳回陸地接收站。

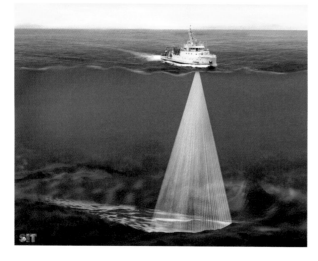

多音束測深儀（Multi-beam echosounder）：測量海底地形的概念可以想像成把上百個單音束測深儀集中起來同步運作，從船底以各個不同的角度發音，測量海底深度，結果就像掃描器一樣，隨著航跡一路掃描海底地形。
（製圖：詹森）

司開了無數次的會議。整個規劃、設計、建造、甚至管理單位歸屬等問題，並非一帆風順，心情也經歷過無數三溫暖式的起伏，箇中滋味實難以三言兩語道盡。為了達成目標、得到最好的結果，站在海洋學界這邊，必須堅定守

住心中的理想跟學界的託付，無畏艱難、全力以赴、負責到底，積極維護海洋學界的核心價值與基礎設施，因為這些都將影響著未來海洋教育與研究的整體發展。

此外，行政流程與溝通亦較想像中費時費事。2019年初，由國科會主辦的新研究船建造計畫大概再半年多就大功告成了，各個準備接手的大學都已經展開配合的行政事務，臺大這邊舊船的管理要點，也勢必要因應汰舊換新的新船而修改。海洋所船務室已擬好初稿，按部就班地一件一件解決各項行政事務。當時曾因卡管事件稍有延宕，幸好代理校長全程掌握造船與交接狀況，之後新校長管中閔帶著新的校務團隊上臺，接收新研究船的行政事務在校長支持下繼續進行。一年多來，新船的管理要點與問題終於在2019年6月11日下午排進臺大校行政會議報告討論。孰料，發生種種行政上的不順之事，屢屢延宕，令人嘖嘖稱奇。

國科會那邊船已造好，準備移撥給學校，學校這邊的管理辦法卻遲未定案。經與管校長說明其嚴重性，2020年農曆春節過後釐清所有疑慮，校行政會議終於推進了這件延宕了整整一年的行政事務，研究船管理要點在臺大校行政會議初步過關，新研究船財產也在當年8月順利移撥到臺大、管校長率行政團隊赴台船基隆廠揭牌，由取得國際安全管理章程證書（International Safety Management Code，簡稱ISM）的海洋所營運管理。

臺灣周邊及西北太平洋
四維海洋觀測網構想
（2019年8月）

新一代臺灣海洋研究船船隊的任務包括以海洋現場觀測資料校驗衛星遙測海面高度、溫度，布放浮標長期觀測、衛星通訊傳送即時資料，自研究船上進行大氣海洋觀測，布放水下自主觀測儀器連續觀測，以及進行資料水下傳送的海底錨碇觀測儀器。（製圖：詹森）

國科會新建的三艘研究船難得同框

新船在船廠建造時只有個編號,像新海研1號是HN1090,(下一)難得一見三艘新研究船同時停泊在台船基隆廠碼頭;(下二)2020年7月21日舉辦交船典禮時,才由船東代表命名為「新海研1號」。(攝影:詹森)

造船像拼積木

新海研1號在建造過程中歷經幾個不同的階段。現代的船是先分區塊建造,再一塊一塊焊接組合而成,像拼樂高積木,也很像醜小鴨變天鵝的過程。(攝影:詹森)

新一代研究船隊的探測將與大氣、海洋到海底時空變化觀測網結合，形成臺灣的颱風、地震、海嘯預警及防災前哨網。

·海研五號沈船記

海洋研究每一次的出海實驗，就是一趟冒險之旅，你永遠不會知道海洋會用什麼面貌在你面前展現。

2014年10月10日，海研五號沉沒在澎湖東邊海域，三、四百年前「唐山過臺灣，十去六死三留一回」竟發生在現代，兩位我認識的優秀研究人員就這樣犧牲了。這件憾事大概是全球研究船海難史50年來罕見的紀錄。如何處理研究船沉船、辦理保險理賠實務等繁複的過程，恐怕也是絕無僅有。我們從海研五號沉沒案例學到什麼教訓？

海研五號沉沒前，管理上可能就隱含一些值得討論的問題。我觀察到的是，其一，權力容易讓人產生自大與傲慢，進而產生官大學問大、官官相護的態度。當然並非所有管理者都是如此，研究船管理三、四十年來所建立的經驗以及優良的傳承，是很重要的。其二海研五號沉沒前，學界曾多次在公開場合說明一些值得關切的問題，包括委外操船在臺灣還不成熟，採購制度可能造成問題，受委託公司的船員對研究船、探測作業都不熟悉，且專業水準參差不齊，外籍船員也可能有風險等，凡此種種，都令人擔心管理上會產生問題。

海研五號的憾事對臺灣海洋學界、研究人員的心理造成很大的衝擊。事後，兩份監察院糾正文點出了一些問題值得未來管船注意(監察院104教調23號，監察院104教正10號)，例如委外操作研究船、管理制度裡的工作倫理等。

從這次全球研究船史50年來的慘痛教訓來看，大家明白大海是無情且沒有憐憫心的，研究船每一次的出海都要再三小心，管理者務必落實所有航安規範，虛心接受批評。若無參與過研究船探測航次、沒有管理經驗，且非長期在此領域，宜多聽聽海洋實務經驗豐富人員的忠告建言。

CHAPTER 11

海上風暴：
研究船在東亞海域的觀察、
歷險與甘苦

　　1998到2001年間，我在「國家海洋科學研究中心」計畫下擔任助理研究員，負責發展臺灣海峽預報模式，期間必須經常出海做實驗蒐集資料，建立臺灣海峽水文與海流的知識基礎，並用來校驗模式結果。那段時期大概是我到成大水工所的現場調查組磨練3年之後，真正開始踏進海洋學術研究的核心領域。當時每隔3到4個月左右，就要帶海研一號到臺灣海峽做一趟30幾個測站的水文探測，以此為根據奠定了臺灣海峽海流及水文季節變化的知識。

　　大約20年後，我請國科會海洋學門資料庫物理技術員郭家榆幫忙統計以上累積生產了多少鹽溫深資料，結果發現大約占當時鹽溫深資料總量的一成。這對擔任研究船領隊出海蒐集水文資料的單一研究人員來說，數量其實滿可觀的。

從自由到衝突，各國政治干擾愈發嚴重

令我記憶猶新的是當時1990年代，海研一號還能跨過海峽中線、自由自在地進入福建沿海停船、下CTD、採水，實踐自由航行的權力；中國大陸則是自改革開放以來十多個年頭，忙著拚經濟，加上兩岸一家親的氣氛，我們的船常被對岸當成自己人，自然不會有事。當我們的研究船進入大陸水域採樣探測，對方往往睜一隻眼閉一隻眼，未加干擾，或者頂多無線電喊一喊、問一問，不了了之。然而那已經是20多年前的往事了，昨是今非。現今我們的研究船會遭到中國大陸海警船、海監船、海軍船艦驅趕，連本國的涉海事務機關對我們的研究海域也會「嚴格把關」，海洋研究的出海探測，頓時成了要通過重重關卡的行為，對海洋研究著實造成不小困擾。

2010年以來，臺、日加上中國大陸在臺灣東北海域釣魚臺的主權爭議愈發緊繃，摩擦益大，我們的研究船不僅無法像10年前到釣魚臺旁邊停船採樣，連在30浬外都會碰到日本機、艦過來關切蒐證。

2012年，臺灣海域物理海洋的探索在分區、逐年、系統化研究的策略下，從南海北部內波研究移師到臺灣東部的黑潮海域執行OKTV計畫探測工作，一年中總要帶著一群長期在船上冒險奉獻的夥伴到花東外海2到3回以上。一切看似順利之際，問題卻突然出現，日本單方面主張的臺日海域中間線已經很靠近宜蘭了，而中華民國主張的暫定執法線卻在更東邊的海域，因此重疊區就成為一般大眾所不知的敏感爭議海域。如果按照聯合國海洋法公約，假設我政府承認日本主張的中間線，若沒得到對方的經濟海域探測（Marine Scientific Research，簡稱MSR）許可，那黑潮橫斷面測量恐怕只能做半套；然而若我方不承認這條中間線，就可能產生敏感海域問題，這就是現況。從科學研究是探索真理的角度上來看，荒謬又無奈。從海洋研究的全球觀點，希望各國破除政治扞格，維護海洋學界探索新知之權，畢竟學術研究屬於所

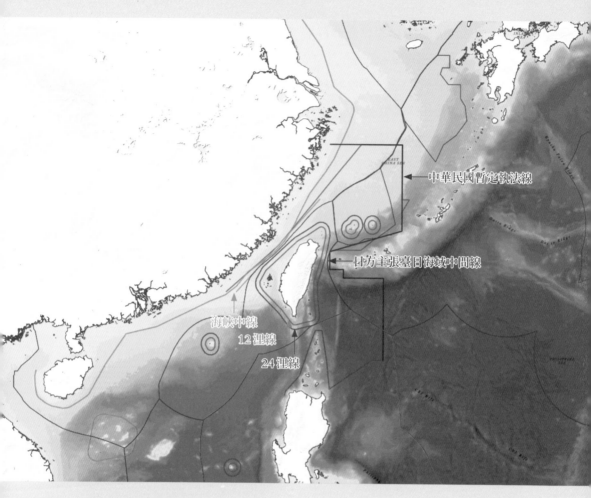

中華民國暫定執法線

日方主張臺日海域中間線

海峽中線
12浬線

24浬線

複雜的海上無影線

出海探測會碰到許多法律上無形的線，像中華民國12浬領海線、24浬臨接線、經濟海域暫定執法線、日方主張臺日海域中間線。

根據聯合國海洋法公約（United Nations Convention on the Law of the Sea，簡稱UNCLOS）1982年的敘述，專屬經濟區（Exclusive Economic Zone，簡稱EEZ）是指從領海基線量起向外延伸200浬的海域（約370公里），所屬國國可以開發與使用其內海洋資源，也有權應用海洋及風力能源。他國若要在EEZ內進行科學研究、探勘礦物資源及牽涉漁業資源等之作業，按聯合國海洋法公約必須於作業前6個月向所屬國申請探測許可（Marine Scientific Research clearance，簡稱MSR clearance），得到許可後才能作業。除了上面所說的海域探測作業項目，船隻仍能自由航行通過。（製圖：詹森，資料參考：https://zh.wikipedia.org/zh-tw/聯合國海洋法公約）

有人的公共財，是可以對世界海洋做出貢獻的。

　　經過兩年多相安無事的日子。2015年9月，OKTV計畫海研一號1117B航次一如2012年9月以來的探測，由花蓮KTV1測線近岸K101站往東，一路探樣到最東邊距花蓮90海浬的K108站。9月8日近午時分，駕駛臺通知我有艘船從北邊以20幾節的高速朝海研一號衝過來（註：一般研究船巡航速度是8-10節，最大航速不過12-14節），企圖不明。上駕駛臺用望遠鏡查看對方，船高速航行激起的浪花快跟那艘船的駕駛臺一樣高了，心中納悶對方的意圖。

　　白色的船看起來像我們的海巡艦，可是來向不合理。待該船接近我們的時候，駕駛臺無線電傳來生硬的國語：「這裡是日本海域，你們在幹什麼？」，二副隨即用英語回答，這裡是international water（國際水域），你們無權管；接著無線電那頭也改用生硬的英語回應，大意是請我們英語講慢一點，講太快他們聽不懂之類的。待白船靠近時，一看是艘不算小的日本海上保安廳巡防艦艇，在海研一號前面、後面高速行駛，激起跟甲板一樣高的水花，像極了「關公面前要大刀」，又似氣急敗壞地在你面前轉來轉去想驅趕你離開，而你卻好整以暇地做你原定要做的事，不為所動。

　　2008、2009年我曾在海研一號上穿梭在與那國島跟宮古島之間自由探測，而這次是我領隊研究船出海探測生涯裡，頭一次遭遇日本船近身干擾。接下來的幾個小時，這艘編號PL-51的巡邏艦一直跟在海研一號附近，時而靠左舷、時而在右舷後面不停交錯跟監。雖然如此，我們依然不為所動，在國家暫定執法線內，捍衛我們合法的海洋探測權。在K108站探完樣後，我們繼續往南，直航到一個南方的海洋渦旋探樣。日本船一路尾隨海研一號到天色漸暗，在綠島東方日本主張的中間線附近，方才離去。

　　本以為這事件就這樣不了了之了，結果航次結束後，回來收到國

日艦關切之一

2015年9月OKTV計畫海研一號1117B航次進行黑潮斷面探測,在我國暫定執法線內,花蓮KTV1測線最東邊的K108站,遇到日本海上保安廳2,000噸級編號PL-51艦高速前來干擾。(攝影:詹森)

北韓核試、東亞緊張

2017年北韓進行了一系列飛彈試射和核試驗，引起東北亞局勢緊張。就在東西方如冷戰般對峙期間，2017年11月11日楊穎堅教授領軍海研一號在臺灣東南部蘭嶼東方125公里外海進行颱風觀測浮標維護作業，巧遇美國尼米茲航空母艦戰鬥群，正要赴東北亞海域準備進行聯合軍事演習，威懾北韓。(攝影：楊穎堅)

科會以電子郵件告知，日方透過交流協會到我方外交部抗議，希望我們以後在海上碰到這類干擾事件要馬上通報國科會窗口時間、地點跟事情經過，好讓政府即時掌握狀況、擬定因應策略。此後我們的海巡艇加入戒護我國研究船在我方海域裡進行的合法探測。

　　接下來幾年OKTV計畫到花蓮KTV1測線觀測，都算順利，直到2019年7月22日海研一號1233航次再次遭遇日艦。當日中午時分，K108站都下完CTD、採完海水樣本了，開始向花蓮港返航。沒多久，作業室當班船員跑來電儀室，跟我說：「老師啊，日本船又來了。」

　　我跑上駕駛臺一望，赫然見到一艘日本海上保安廳1,000噸、編號PL-82的巡邏艦就在海研一號右舷不遠處，跟在我們右後舷亦步亦趨。沒多久，我們看到不知從哪兒冒出來的海巡50噸級的PP-5052巡邏艇，衝過來擋在日本船和海研一號之間，且把日本船愈隔愈遠。後

來日艦大概見我們朝西回航，所以在右後遠方尾隨，直到日本主張的臺日中間線才回頭。這情境怎麼想都很像聖經裡大衛用一顆小石子和一條投石帶對抗巨人歌利亞的故事。

當這艘海巡艇回到海研一號附近護航時，研究團隊、作業室同仁大夥在後甲板一齊向海巡弟兄雙手豎起大拇指喊「讚」，那種五味雜陳、令人激動的情緒至今難忘。海巡艇替我們出了在胸中積壓長久的一股怨氣。這一次次的海上經歷，令人更能體驗海洋資料筆筆皆辛苦！

2022年9月28日到10月1日，新一代研究船新海研1號NOR1-0043A航次重返花蓮KTV1測線探測，距我2012年9月執行OKTV計畫帶隊海研一號首次進行KTV1測線黑潮探測，已經滿10年了。對臺灣海洋學界探測黑潮的歷史來說，是個重要的里程碑。

當時的時空背景大致是，自2018年4月海洋委員會成立以來，進入經濟海域重疊、具爭議性海域的研究航次，都要在每期4個月航次表確認前，把詳細計畫書報請海洋委員會審查核可，核可的航次在執行時即會有海巡安排艦艇勤務戒護。

2022年9月29日清晨，當我們在KTV1測線最東邊的K108測站進行作業時，很惱人地又遭受日方機艦關切，先是在我們放紊流儀時飛機低飛過新海研1號；作業完畢到下一站K107後，近中午時分，遠方出現2個白點，日本海上保安廳船艦PL-61即自北方出現。我們的海巡CG-119花蓮艦在旁監控。日艦以高速航行至新海研1號附近時，從我們船頭前方強行切過，接著以逆時針方向由左舷繞到我們船尾後方，影響施放紊流儀作業，海巡花蓮艦則是隨時調整船位，擋在日艦和我們研究船之間護衛。

所幸這次的海洋探測不負所望，順利完成測線上9個站，由水面到水下2,000多公尺深的鹽溫、採水、浮游生物網與紊流探測。這次關切事件披露出去後，引起一些社群媒體的討論，普遍認為海巡表現可

日艦關切之二

2019年7月22日海研一號1233航次KTV1測線探測，日本海上保安廳1,000噸級編號PL-82的巡邏艦跑到海研一號旁邊，近距離關切海研一號作業，我國海巡署50噸級海巡艇編號PP-5052於我方暫定執法線以內海域執法，戒護海研一號合法的黑潮探測。（攝影：詹森）

日艦關切之三

2022年9月29日新海研1號0043A航次於KTV1測線進行例行探測,日本海上保安廳1,000噸級編號PL-61巡邏艦以20節的高速朝我們接近,並刻意由新海研1號船頭前橫切過去,近距離關切新海研1號作業。海巡署500噸級編號CG-119花蓮艦也不甘示弱,循標準作業流程阻擋日艦,保障我國研究人員合法的海洋探測權力。

(攝影:詹森)

圈可點。臺日民間向來友好，惟經濟海域重疊、劃界問題無法擺平，沒有共識，的確會造成政府間的齟齬。

　　經濟海域重疊的問題要靠政府間正式的談判才能解決，然而我們的處境艱難，這是另一個難解之題。臺日雙方在花蓮東方海上的僵持與對峙，如果沒有透過政府，未來在這片爭議海域的探測恐怕還是會如先前的劇本，不斷上演干擾與追逐。

　　自1986年第一次參與研究船探測至今已30多載，對於海上工作面對的情勢感觸良多。從區域政治與民族特性這兩個層面來說，北方的日本在一、兩百年前或更早以前，就體認到海權的重要，因此積極布局強化海上實力與海權，鑽研國際海洋法，從琉球島弧一路南下到與那國島，積極建設在西北太平洋的沖之鳥礁，劃界200浬經濟海域，占有西北太平洋海域優勢。菲律賓幾十年來大致維持現狀。越南民風兇悍，漁民有數次把海上帶著GPS定位儀器的海洋大氣浮標整座捧回峴港，連GPS定位器都不關，但論及越南海上實力，目前尚不至於構成干擾。美國跟第一島鏈的韓、日、臺、菲等國維持良好的海洋探測合作關係。中國大陸基本上是大陸國家思維，早期以陸權為重，海上

海峽兩岸劍拔弩張，局勢日漸緊張

2022年7月9日中國大陸海軍053H3型護衛艦566懷化號經過花蓮外海，剛好被在附近的新海研1號由楊穎堅教授帶隊進行黑潮探測時拍到。

（攝影：楊穎堅）

實力尚不構成威脅，但最近10年積極伸張南海、東海海權，展現急起直追的海軍實力。

　　我國擁有臺、澎、金馬地區，二、三十年前海軍頗為強大，今時似亟待強化，更由於近年來地緣政治與中美博弈情勢，增添許多海洋研究、研究船出海探測的危機與變數，尤其像黑潮沿線海域從呂宋海峽到臺灣東部海域、再到東北部海域，已然變成兵家必爭之海，中國大陸海軍、日本海上保安廳、美軍甚至其他國家如法、德、義、加、澳等國的海軍艦艇，都來到此處，著實讓我們在這些海域進行海洋研究工作及國際合作開了眼界。在敏感海域，除了日本海上保安廳會關切，中國大陸海軍亦會用無線電探問「你們在這幹什麼？」，雖然尚不至於造成危害，對於研究人員來說難免產生心理壓力。出海探測會碰到的緊繃局面，估計短期內不會改善。世事難料，誰也無法預測未來我們到海上做實驗會遇到什麼景況。

　　海洋科學研究是和平的，研究成果是屬於全人類的公共財，若受到政治上的影響導致海洋探測停滯，將是非常大的遺憾，是另類的全輸局面。

海峽兩岸局勢緊繃

2022年7月27日，中國大陸海軍電子偵察艦天權星艦經過花東外海，剛好被在附近進行黑潮探測回收Seaglider的海大老師鄭宇昕在新海研2號上拍到。（攝影：鄭宇昕）

黑潮南海探測番外篇——越南漁民討海記

1997年國科會交付「國家海洋科學研究中心籌備計畫」予臺大海洋所執行，當時由赴美留學的學者組成的科學指導委員會訂定了兩個研究主題，一個是臺灣海峽短期預報模式，由我負責後續執行；另一則是當時全球海洋研究很熱門的主題：南海時間序列站，想在南海北部挑一個觀測點，長期觀測受到全球變遷、黑潮間隔入侵南海、海洋渦旋的影響下，海洋水文、生物、生地化參數的長期變化。1998年，時間序列採樣開始執行，每年2到4航次觀測不等。其中有一次，是由當時的中心研究員陳仲吉博士擔任領隊，率海研三號前往南海時間序列站進行例行採樣，沒想到途中卻碰到意想不到的奇事。現任職臺師大生科系的陳仲吉教授，當時以妙筆記錄下這段令人匪夷所思的奇遇記。

偶遇越南漁民始末——2000年3月南海時間序列研究第10航次（OR3-607）補記：

> 三月中旬於南海進行時序研究航次時，發生一段意外的小插曲。故事的開始發生在黑夜的海上，是夜偶爾飄著微雨，在孤寂、漆黑的大海中，除了我們，再有就是馬達規律的運轉聲，以及海浪不時拍打船隻的啪啪音。當時，研究船已在此定點重覆進行約10小時的時序測量與採樣，為了等待CTD下放至深水，我獨自緩步在甲板上望著深邃的遠方，一邊等待著。

> 此時，不遠處的海面上閃爍著一絲若有若無的微光，深深吸引我的注意，約莫過了十幾分鐘，那微弱燈光似乎朝著研究船的方向緩緩靠近，隱約可見是飄浮在海面上的物體。當下即刻通知船上當值作業人員，好奇戒備著朝我們靠近的物體。

> 慢慢地、慢慢地映入眼簾的似乎是載著人的「器具」，稱之為器具主要是它的形狀是圓形的桶狀物，像極了一個大型的臉盆。載具上似乎有人頂著浪奮力的揮動船槳划向我們，當再靠近時，只見用竹材編織成的圓形載具上載有一人全身溼透且相當疲憊，拚命向我們揮著手，且

說著我們一句也聽不懂的言語。當時由於顧忌船上人員的安全，並不敢讓他靠船隻太近。可是環視四周漆黑的大海中，除了他孤寂的一人外，再也沒有其他同伴，感覺上他是如此的無助，而且又比劃著要水、要食物的動作，似乎亟需要我們的幫忙。或許他也感覺到我們的戒心，此時拿出剛釣獲的南魷，似乎要求交換或者表示善意，我們也稍微檢視載具上的物品，除了一盞用大型溼電池發電的燈泡外，再有的話就是一些釣線、釣鉤等釣魚器材。感覺上他像是一位迷途的漁民，或許應該說更像一位難民。

為了發揮討海人相互救援的人道精神（不好意思，我們也準備了木棍），我們決定讓他靠船，但還是顧忌著不可預知的狀況，只允許他在船身外。經過溝通，雖然還是不懂他的言語，唯一較確定的是他來自越南。由於還需繼續作業採樣，我們也只能提供他一些飲水、麵包和禦寒衣物後，請他離開。離開時他還一再拿出南魷要送給我們表示感謝，但為我們所婉謝。望著它漸行漸遠，慢慢的變成微弱的小光點，最後終於從無盡的海面上消失。

離去後，大夥仍熱烈討論著他是如何從遙遠的越南，隻身一人搭著毫無動力的載具來到茫茫大海的中央呢？是否隨著季風飄來？但是此時西南季風尚未開始盛行，或者只是意外的飄流至此？那麼他是如何挨過如此長的旅程呢？一連串的問號盤旋在大家的猜疑中，謎題終於在隔天中午左右揭曉。

是午，駕駛臺通知有兩艘船隻航向我們，由於與他們聯絡得不到任何回應，船長建議先將已下放的CTD回收，以便即時應變。當船隻較近時，發覺是兩艘約莫數十噸的漁船，船上載著一個個疊在一起、如同昨夜漁民搭乘的載具，每艘漁船上各約十至二十位或坐、或臥、或躺的漁民，處處可見掛滿的南魷，等待風乾。當下一整天的疑惑才迎刃而解！原來昨夜漂流在海上的漁民，是由母船搭載至此，於天黑後放下各自進行船釣作業，白天時再由母船一一接回。當漁船快接近研究船時，便停泊在遠處，以示無威脅性及敵意，此時每艘船各放下一個如同昨晚的載具，各有二、三名漁民手拿裝水膠桶跳上載具，示意希

望靠近。由於母船離研究船尚有一段安全距離，再加上擔心他們在茫茫大海中缺水，故同意他們靠近，但不允許他們上船，藉由肢體語言知道他們要的是油而非水，我們也表明水可供應但油則無法答應，但見他們遲遲不肯離去，更轉而要求其他物品，為了盡早打發他們離開，船員便將自己不再需要的衣物等給予他們後，才肯離去。

直覺中他們似乎已知我們在此定點作業。為了安全，要求船上特別做好來往船隻監視。果然不出所料，當晚他們又再度靠近測站附近。當然或許他們也在此附近作業，但再度發現他們的作業母船時，已靠研究船相當近，為了免除不必要的麻煩，立即決定駛離測站，停留在稍遠處觀察。約莫幾小時後，不見他們的蹤影，駛回測站繼續未完成的作業。直到作業完成，皆未再發現他們的蹤跡，或許他們早已轉往別處繼續討海生活了。

帛琉破航記：
探索海洋中尺度渦旋撞進黑潮前的狀態，
突破之前的研究成果

OKTV計畫以來，我們一直關切的科學議題之一是黑潮受到中尺度渦旋影響後的變動，每次出去觀測都是看黑潮，鮮少有機會也去測量一下渦旋那一方接觸到黑潮時變成什麼樣子，更別說跑到更東邊去測量渦旋撞進黑潮前的模樣了。而在物理海洋學上，了解一個現象隨著時間的演變過程，進而通盤了解現象背後的物理過程與動力機制，是我們在設計現場實驗的圭臬。因此，沒有機會去測量渦旋的這個遺憾，就一直放在心上。

2021年8月起，透過國科會支持的臺美海洋研究合作計畫「黑潮到絲流交換實驗」和「航向藍海」，以及美國海軍研究處（ONR）支持的「第一、二島鏈渦旋與絲流實驗」（Island Arc Turbulent Eddy Regional Exchange，ARCTERX），我們終於有個機會於2023年5月至7月間，安排美國華盛頓大學研究船湯姆士‧湯普森（R/V Thomas G. Thompson）與我們的研究船聯合，在北太平洋西部第一和第二島鏈之間的國際海域進行渦旋實驗。這是繼2000年的臺美物理海洋首次合作「亞洲聲學實驗」後，第9個臺美合作海洋研究計畫。

這次渦旋聯合探測原本規劃使用新海研1號25天來回臺灣、關島，國科會也在2022年6月核定通過。然而，當所有事情都很順利、感覺良好之際，總有什麼事不對勁。就在預定實驗前的半年內，竟然碰到兩個令人有點尷尬的插曲。首先登場的是2022年11月新海研1號發生人員誤觸不斷電系統充電盤開關而不自知，不巧輪機部門人員對充電盤被關閉的當下亦毫不知悉，導致不斷電系統裡的電瓶電力耗盡，造成非常重要的電力管理系統（Power Management System）遭鎖死無法作用，四部發電機全部停擺（俗稱「插蠟燭」），更不幸的是電力系統失效查不出原因、處置失當、不會處理，結果造成新海研1號在呂宋島西北方失去動力，漂流數日，花了好幾百萬由拖船拖回高雄

港。發生此「低級錯誤」導致事態嚴重的事故之後，輾轉得知新海研1號管理高層決定2023年底之前，船不可以靠關島、帛琉，不可以遠航，基本上就是斷了我們原來國科會已核定的規劃與船期，迫使我需拜託國科會海洋學門召集人幫忙協調，以新海研1號的船期天數與國家實驗研究院勵進研究船的天數交換，從勵進已排定的船期夾縫中，交換到此11天船期，終免於臺美合作被開天窗的窘境。

祸不單行。接踵而來的是，2023年4月間中華民國總統過境美國，見了美國眾議院院長。原本此事並非大事，然而在緊張的兩岸與中美局勢牽動下，觸動了中國大陸當局的敏感神經，造成兩岸關係更加緊繃。美國海軍太平洋艦隊高層顧慮在此時機點美國研究船到臺灣附近海域的安全與高度敏感，決定把原定4月下旬要停靠高雄港補給、上儀器、上研究人員的湯姆士·湯普森研究船，改去停靠帛琉。這突如其來的改變，可天下大亂了。原定船出港前一個月已經從美國運抵高雄的所有儀器，連同我們的探測設備，包括11具水下滑翔觀測儀、2具紊流儀、19支漂流剖面觀測儀、海大及中研院團隊全套生地化採樣要使用的瓶罐及化學藥品等，需在短期內運送到帛琉，趕上航次，美方人員預訂飛來臺灣的機票，全數要改飛至帛琉。

花了近一個月的時間，試過包貨機空運、定期貨輪運送、海運送沖繩轉由美軍運送、海巡協運等方式，都行不通或是不可行，費盡九牛二虎之力，終於在最後一刻，輾轉經由我國駐帛琉大使牽線，找到漁船，以專案合法地把儀器運送到帛琉。雖然花了不少額外的費用，終於還是在五月下旬得以讓研究船由帛琉出港進行實驗。

不過就在湯姆士·湯普森要出港前，再度發生插曲。強烈颱風瑪娃（Marwa）在我們預定的實驗海域肆虐，關島被掃得七零八落。航前線上會議中，大夥決定還是別跟颱風湧浪作對，轉往塞班島西北方200浬、遠離颱風的海域，與那兒的順時針氣旋搏感情。事後來看，渦旋紊流實驗在一連串受挫後，總算下了個對的決定，不但免於實驗被瑪娃沒收的命運，這顆順時針氣旋還存活了很久。

海洋研究出海探測就是如此，計畫、計畫、再計畫後，看似理當順利成功

的實驗，實際執行起來往往比我們想像的困難，永遠有預期不到的意外之事，也有不可抗力的因素總是在關鍵時刻發生，更加驗證了「計畫永遠趕不上變化」這句話。

勵進LGD2308此航次由我領隊，6月23日10:00自安平港出發，赴菲律賓東方240浬以東一塊無歸屬經濟海域的國際海域進行實驗。參與的研究團隊可說是跨國、跨校、跨領域，包括12位臺灣大學、成功大學、中山大學、臺灣師範大學的技術員、助理、研究生，以及1位美國奧勒岡州立大學的研究生，另外加上8位國家實驗研究院海洋中心的研究人員與工程師組成。

測量渦旋撞擊黑潮前的目的，在探索海洋中尺度渦旋跟慣性內波、內潮交互作用產生的能量交換、轉移，並進一步產出次中尺度蜿蜒流、環狀流、絲狀流、渦流，以及更小尺度紊流的動力過程。從現場實測一點一滴釐清這些過程在全球海洋能量收支裡扮演的角色，可協助建立各種尺度運動之間交互作用的數學模型，改善數值模式裡動力機制的正確性，並提升海洋數值模擬及氣候變遷耦合模式模擬結果的精準度。

此外，此航次也肩負執行陽明交大黃金維教授和臺大海洋所張翠玉副教授的任務，利用5組裝設在船上的全球衛星定位系統，加上一顆音波式海面相對高度計，精確測量海面高度，以校驗美法最新一代衛星高度計「海面波浪海底

新一代衛星遙測任務。衛星高度計「海面波浪海底地形」（Surface Wind Ocean Topography，SWOT）蒐集海上校驗資料所使用的GPS天線與海面相對高度計。

經過校驗的高解析度SWOT衛星高度資料，能將變動尺度從100多公里的海洋中尺度現象研究一口氣推進到數公里的尺度、更細緻的次中尺度動力過程研究，預期結果可以回饋到數值模式，大幅改善各種尺度海洋預報模式的準確度。

（攝影：詹森）

海面相對高度計

右舷GPS天線

降雨

對流

中尺度反氣旋渦

海面熱散失
次中尺度過程

中尺度氣旋渦

海面蒸發

渦流

環形流

絲狀流

太陽輻射加熱

蜿蜒流

二氧化碳

日變化暖層

紊流

臺美合作「第一、二島鏈渦旋與紊流實驗」

（Island Arc Turbulent Eddy Regional Exchange，ARCTERX）

ARCTERX目的在探索海洋中尺度渦旋跟慣性內波、內潮交互作用產生的能量交換、轉移，到進一步產出次中尺度蜿蜒流、環狀流、絲狀流、渦流，以及更小尺度紊流的動力過程，預期釐清這些過程在全球海洋能量收支裡扮演的角色，能協助建立各種尺度運動之間交互作用的數學模型，回饋到模式動力機制，提升海洋數值模擬及氣候變遷耦合模式模擬結果的精準度。（製圖：詹森）

地形」(Surface Wind Ocean Topography，SWOT) 遙測資料。

　　11天的航次中，大約三分之二的時間是在跑水路，能進行科學探測的時間不到4天。6月25日抵達校驗SWOT衛星資料的Z字形航線起跑點，接下來兩天我們就專注在蒐集沿航線的GPS定位資料與船舷到海面相對高度。6月27日中午完成資料蒐集，傍晚終於抵達渦旋西北方第一個水文、生地化及紊流剖面測站E1，沿測線直到第11站E11，每站都以鹽溫深儀測量從表面到1,200公尺深的溫度、鹽度、溶氧、螢光、光度、穿透度剖面等電子資料；同時於不同深度採回海水樣本，再分瓶裝回實驗室，分別測營養鹽、溶氧、氧消耗率等數值。

　　每站的最後工作，是在船尾進行紊流強度剖面觀測，用電動小絞機、800磅的釣魚線放出可以快速測量溫度、鹽度與海流剪切應力的紊流剖面儀

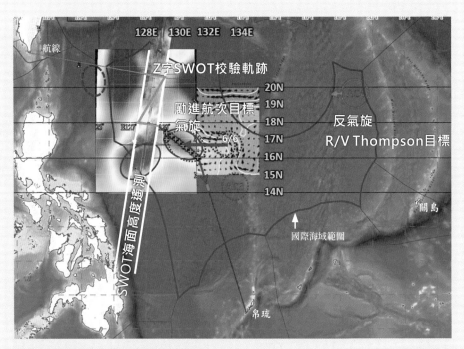

勵進研究船2308航次執行臺美海洋合作ARCTERX計畫，2023年6月23日自安平港出發到帛琉之間的航線、SWOT衛星測高海洋現場Z字校驗航線、氣旋渦旋物理及生地化水文採樣與紊流強度觀測點位 (橘色＋符號)。(繪製：詹森)

出水面　　　　　　　　回甲板

絞機　　　紊流儀VMP-250

紊流儀下水後自由落

分水樣

CTD 探測與採水三動作－CTD 及灰色 PVC 採水瓶出水面、拉回甲板、研究人員分瓶裝水樣。（攝影：詹森）

絞機收回紊流儀

後甲板紊流剖面儀（VMP-250）施放及回收作業，從下水前的儀器檢查、放進海裡自由落到由電動絞機收回。三天時間總共完成 41 個紊流剖面測量。（攝影：詹森）

（VMP-250），到大約300公尺深的時候再收回來，完成紊流動能耗散率和密度擴散係數的測量。在渦旋裡面和邊緣，我們總共做了41個紊流剖面，創下臺灣海洋學界最東、最南的紊流直接測量紀錄。

逆時針渦旋的觀測在6月30日12:30結束，雖然只有3天的觀測，但我們從現場測量跟人造衛星的遙測看到幾個有趣的現象，一是渦旋裡的紊流強度不如我們預期的強，反而衰弱到跟大洋一般背景流場差不多，渦旋的中心與周邊水位差與流速也弱化得很快；二是由衛星海面高度和地轉流的時序影像，可以觀察到這個渦旋跟其西南方一個更大、更強的逆時針渦旋有合而為一的趨勢，過去好像沒有直接進到這種情境裡測量過，在後續由衛星遙測數據的追蹤中看到，這顆逆時針渦旋果然被融合掉了；三是我們從人造衛星遙測海面高度推算的地轉流跟船上都普勒流剖儀直接量到的流速加以比較，發現跟我們預期的頗有差別，原因可能跟衛星遙測海面高度的空間解析度不足有關。目前能下載到的全球海面高度衛星資料是每1／4度間距一個，也就是間隔大約27公里多，要解析出直徑一、二百公里的渦旋稍嫌粗了一點；尤其若是渦旋中心跟周圍的海面高度差減小，更難精準解析渦旋範圍與位置，不過這也突顯新一代SWOT衛星測高任務，對解析幾十到幾公里尺度海洋現象的重要。

本航次在7月3日抵達帛琉海域，下午3:30順利進入帛琉科羅港停靠，創下我國研究船首次抵達邦交國帛琉拜訪的紀錄。航次期間，除了工作、吃飯、睡覺等枯燥無味的例行事務，最值得一提的是我安排了每天晚上科學團隊專題討論，每日安排一位團隊成員報告，讓我感受到年輕人的活潑與多才多藝。報告主題從科學研究、紊流儀VMP-250探究與實作，到空拍機小教室、攝影101、海膽標本製作、桌球發展史與各國球員實力分析、出海不歸路、歐洲研討會學術及文化交流談、保麗龍杯繪圖壓製技巧等等，彼此增長不少見聞。這跟我1998年開始帶隊出海以來經歷的60幾個航次一樣，每個航次都不只有科學，更有其特殊、有趣、生動的一面。

2023年6月23日至7月3日間臺美合作勵進研究船LGD2308航次，進行渦旋探測與首航帛琉。科學團隊每日晚上討論探測工作，後來演變成包羅萬象的儀器探究與實作、空拍機小教室、攝影101、海膽標本製作、桌球發展史與各國球員實力分析、出海不歸路、歐洲研討會學術及文化交流談、保麗龍杯繪圖壓製技巧。(攝影：詹森)

勵進研究船LGD2308航次於2023年6月23日從安平港出發，2023年7月3日抵達帛琉領海。(攝影：吳維常)

出海去吧！

　　幾十年來，經歷了許多海上工作帶來的艱辛困難、興奮喜悅，以及驚濤駭浪；更認識許許多多在這行業堅守崗位、付出奉獻的朋友，學習到與人爲善、互相尊重的重要。工作雖然迭有更換，研究方向卻沒有改變。

　　分析海洋觀測資料、研究海洋動力、彙整成果成爲論文都是相當辛苦的工作，若要再把艱澀的論文轉化成一般大眾容易理解的科普知識，不僅難上加難，更是痛苦磨人，因此鮮少有從事海洋科學者投入。曾有老師說，海洋研究未必要出海，也有老師說，物理海洋研究未必要學流體力學。但若不到海上嘗嘗海洋探測的冒險犯難與刻苦耐勞的滋味，怎麼會對這些辛苦得來的資料有感覺呢？

　　海洋知識不會憑空掉下來，海水追趕跑跳碰的背後遵循的是流體力學，自然科學若缺乏實證的經歷，很難眞實理解箇中三昧。或許有人認爲海洋研究未必要出海，但可知那是因爲有其他研究者長期辛苦採樣、觀測才得以累積這些珍貴的資料。

　　記得還是博士生時，臺大土木系畢業、旅美任教於佛羅里達州立大學的薛亞教授回臺，曾跟我們說，做物理海洋研究「數學要好、物理要好、電腦要好」，然而這三好的人才恐怕不會踏入這領域。一語道破物理海洋研究之困境。總要有些傻子頂著熱情、冒著危險來扛。如果你對海上研究工作有熱情、願意忍受暈船之苦、又喜歡生活裡有點冒險玩命的刺激，那麼跟著研究船出海探測的日子，就是過著「像搭著郵輪到海上度假」、「每天可以釣魚吃海鮮」的日子。

攝影：鄭鈞元

終章
未來變貌

黑潮變強？變弱？——多重預測的不同結果

　　黑潮對於全球熱平衡與氣候變遷有深遠的影響，對於區域流場及溫鹽場分布也甚為重要。經過海氣交互作用，黑潮會影響氣候，形成互相回饋關係，而對氣候、海洋生態及漁業資源的影響，也直接傳遞到人類的日常生活當中。在氣候變遷愈發嚴峻的情況下，未來黑潮會如何變化呢？

　　對於未來，科學家可以透過氣候與海洋耦合數值模式模擬各種氣候暖化情境下五十、百年間的黑潮變動，然後將各研究團隊不同模式的預測結果擺在一起互相比對，以產生最終的預測，就類似氣象局的「系集預報」，例如，以第六階段耦合模式比對計畫（Coupled Model Intercomparison Project Phase 6，CMIP6）[1] 採用不同的「代表濃度路徑」

---

1. CMIP與RCP：耦合模式比對計畫（Coupled Model Intercomparison Project）是聯合國世界氣象組織於 1995年為了促進與整合氣候與海洋合併數值模擬相關的科學研究所開啟的，透過這個計畫平臺統合並制定出通用的資料格式，把各國研究團隊的全球氣候模擬資料與分析結果開放給彼此比對與研究。透過CMIP各階段的研究成果，對提醒各國政府正視氣候變遷對世界的影響發揮了莫大的功能，促進決策機構採取積極的態度去評估氣候變化的科學進展及對社會、經濟的潛在影響，進而擬定適應和減緩氣候變化的因應之道。RCP則是「代表濃度路徑」（Representative Concentration Path）。CMIP第五階段的氣候數值模擬採用了4組「代表濃度路徑」：RCP2.6、RCP4.5、RCP6.0與RCP8.5，代表在2100年每平方公尺的輻射作用力增加了2.6、4.5、6.0 與8.5瓦，相當於二氧化碳濃度分別為百萬分之421、538、670及936個單位（ppm）。參考國家災害防救科技中心「臺灣氣候變遷推估資訊與調適知識平台計畫」之「聯合國政府間氣候變化專業委員會第五次氣候變遷評估報告」翻譯 https://tccip.ncdr.nat.gov.tw/km_newsletter_one.aspx?nid=20150828115200。

（Representative Concentration Path，RCP）情境當做氣候數值模擬條件，進行未來氣候變遷的推估模擬。根據已經發表的模擬結果顯示，將來北太平洋西北部順時針方向的風應力旋度（wind stress curl）會增強，進而帶動黑潮流量上升（參考第37頁的史沃卓普通量）；東亞夏季季風雨帶會變得更活躍等。

有研究團隊[2]探討全球暖化對黑潮流速的影響，分析1993到2013年間黑潮沿線的潮位、觀測海流和數值模擬海流資料，卻得到相反的結果。他們認為這20年間儘管黑潮隨著全球暖化增溫，黑潮流速是減弱的，背後的原因可能是中緯度西風帶風速與整個北太平洋赤道信風和西風帶之間風應力旋度減弱所造成。其道理跟第3章〈解密：洋流的形成、西方邊界流以及黑潮的推手〉這一單元中我們談過大洋環流動力機制裡的「史沃卓普通量」有關，這個由大洋上風應力旋度算出的向赤道移動水量，理論上就是大洋西方邊界流的流量，所以當北太平洋風應力旋度減弱，照理說黑潮流量就會跟著減小，反之就增加。這篇論文也談到黑潮減弱將重新調整北太平洋和邊緣之間的水團和能量分布，使得黑潮帶進南海的熱量少了、進東海的熱量反而多了。海洋熱量的重新分配將牽動區域氣候變遷與增加極端天氣的發生，例如，西太平洋暖池的暖化，就有可能再製造出如2014年侵襲菲律賓中部的6級超級颱風海燕（Super typhoon Haiyan）[3]；東海若發生暖化，也可能導致周邊地區發生強降雨。[4]

2.　Wang et al. (2016). Warming and weakening trends of the Kuroshio during 1993–2013. *Geophysical Research Letters*, 43, 9200–9207.

3.　Lin et al. (2014). "Category-6" supertyphoon Haiyan in global warming hiatus: Contribution from subsurface ocean warming. *Geophysical Research Letters*, 41, 8547–8553.

4.　Manda et al. (2014). Impacts of a warming marginal sea on torrential rainfall organized under the Asian summer monsoon. *Scientific Reports*, 4, 5741.

北太平洋順時針風應力旋度變化與黑潮流速及流量大小的關係

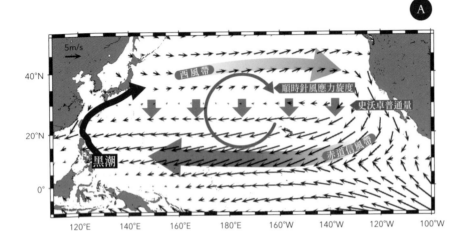

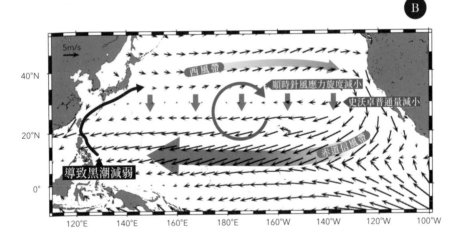

A. 一般順時針風應力旋度下，北太平洋中的向南史沃卓普通量即為黑潮流量。

B. 假設全球暖化導致西風帶的風速減弱，北太平洋上的順時針風應力旋度跟著變小，進而使得向南史沃卓普通量減小，導致黑潮減速。

底圖是歐洲中期天氣預報中心（European Centre for Medium-Range Weather Forecasts，ECMWF）1979-2021（43年）年平均海面以上10公尺高的風速。(製圖：詹森)

西太平洋暖池（Western North Pacific Warm Pool）

表面海溫超過28°C，上方信風微弱、大氣對流可達15公里高的一塊海區，大致位於巴布亞紐幾內亞東邊、澳洲北方赤道海域，是全球海洋最暖的區域。暖池表面熱水上低層空氣又熱又溼，藉此驅動的大氣對流能把溼熱的空氣向上帶，藉著大氣平流作用擴大它的影響力，可以控制附近陸地上的氣候及季風的發展，甚至影響到大尺度的氣候變動，因此也被稱做「世界的熱機」（heat engine of the world）。暖池的大小、強弱變動也跟聖嬰 - 南方震盪緊密地扣合在一起。聖嬰時期，暖池面積擴大但暖水層變薄；反之，反聖嬰時期的暖池變化則相反。然而近年研究結果顯示，全球暖化下暖池的面積、暖水厚度都在擴大。

不過也有研究團隊分析耦合模式比對計畫第五階段（CMIP5）裡32個在RCP4.5情境下的數值模擬（Chen et al. 2019），得到全球暖化將造成黑潮加速、流量上升的結果。接著他們用一個水平網格1°、垂直分成46層的全球海洋環流模式，探討全球暖化、黑潮加速的動力機制。根據數值模擬實驗的結果，他們發現黑潮上層大約400公尺厚的海流加速，主要原因是黑潮東邊上層海水的暖化，跟北太平洋風場與風應力旋度的改變關係較低。模擬結果顯示，海表面溫度陡升1°C的話，北太平洋上層500公尺厚的水層將逐漸地暖化升溫，而最早發生暖化的海域會在日本東邊北緯30°到40°的北太平洋副熱帶水沉降海域，海水暖化現象會跟著沉降的副熱帶水沿著躍溫層向東南伸展，被帶到黑潮東側，深度可達500公尺。另一方面，黑潮西邊靠東海大陸棚這一側，暖化較不顯著。此結果造成黑潮東側500公尺以上增溫，西側溫度上升相對較小，黑潮橫截面上西高東低的等溫面更加傾斜，等密面變化也一樣，按地轉流科氏力和壓力梯度力之間的平衡關係，這樣的情境黑潮是會加速的。

不過我對這項研究數值模擬結果的代表性，仍然有些疑慮，例如此團隊使用的大洋環流模式水平網格1°，這間距沒辦法把實際的琉球島弧在模式裡重建出來，而琉球島弧的角色很重要，一連串島嶼扮演了阻滯由東而西過來的渦旋以及溫度異常等訊號接觸沿東海大陸棚邊緣黑潮的角色；少了這道防線，這些海洋訊息比較容易接觸到黑潮，干擾黑潮正常的作息。再說，黑潮實際寬度大約100公里，在1°水平解析度的數值模式裡模擬出的黑潮，恐怕只占1或2個模式格子，難以解析出細緻的流速結構，降低模擬黑潮的代表性。總之，數值模式有其預報未來的功能，但也可能因粗網格以致對海洋運動的空間解析能力受限，造成預報偏差。此外，數值模式裡水平側向和垂直上下層之間黏滯係數（viscosity）及擴散係數（diffusivity）的計算方法、海底摩擦力（bottom friction）的計算、海氣界面邊界條件的設定等，都會影響數值模擬結果的好壞，我們在解讀這些研究結果時，勢必要加入專業的判斷。至於現場觀測，也有其觀測範圍和時間長短上的限制，但如果能挑選在關鍵地點，抱持耐性長期觀測，仍有長遠的功效，像是2012年開啟的黑潮觀測計畫OKTV，迄今11年間在花蓮KTV1測線蒐集了32個航次的海流與水文資料，除了增進我們對黑潮短期到年際間變動及背後動力因子的了解，長期持續觀測下去，更將是我們驗證氣候變遷預測和全球海洋模擬黑潮結果的最佳現場資料。

　　歸納各研究團隊在同樣的氣候情境下解析黑潮未來會如何演變的論點，有相反的結論。一是氣候暖化下黑潮流量會增加，原因是黑潮表層水變熱了，而海洋下沉流和海流的水平輸送過程在黑潮兩側強弱不一，造成黑潮東側暖化大於西側，截面的等密面更加傾斜，在地轉平衡下，黑潮上層流速會更強，並非大洋上風場旋度增加所造成。相反地，亦有推論黑潮流量減弱，是依據水位觀測資料與多組模式模擬結果綜合統計後的結果，推論北太平洋上風應力旋度減小，導致黑潮

流量呈減弱現象。由此顯見各方觀測與模擬以及相關的分析結果仍是同中存異，尚未收斂，因此從OKTV計畫以來進行的氣候尺度黑潮觀測愈顯重要，需要堅持下去（即20到30年以上的長期觀測），以提供現場實測資料加以驗證。

在氣候變遷全球暖化下，不論黑潮流量未來是強是弱，黑潮挾帶的暖水愈來愈熱已是眾家研究一致的結果。黑潮可以挾帶從菲律賓、臺灣沿岸甚至從南海來的珊瑚幼蟲（larvae）到日本海岸著床，使得日本南部沿海成為全球海洋裡緯度最高的珊瑚礁海域；黑潮水溫上升，已經導致一些珊瑚礁區的珊瑚死亡、白化，也影響跟黑潮相關的漁業資源減少，對菲律賓、臺灣、東海、日本附近海岸地帶，以及海域生活的人、氣候、海岸環境、生態、生物多樣性、漁業資源等，必會造成一定的衝擊。[5]

黑潮發電可行嗎？

利用黑潮洋流的動能發電是近年受到各界重視的議題，尤其對缺乏化石能源的臺灣而言，可能是緩解缺電與空汙危機的妙帖之一。事實上這不是新鮮的研究課題。我支持以工程巧思和技術，克服困難，駕馭複雜的海洋環境，有效擷取海洋動能產生穩定的電能。

早在2009、2010年，當時的國科會就已透過國家型能源計畫支助海洋學界進行臺東、綠島之間海脊上的黑潮流速觀測調查，當時由臺大海洋所唐存勇教授領軍，我和海洋大學的何宗儒老師都參與其中，一起在綠島到臺東之間放了3串都普勒流剖儀錨碇，進行為期一年的

5. Chen et al. (2019). Why does global warming weaken the Gulf Stream but intensify the Kuroshio? *Journal of Climate*, 32, 21, 7437–7451.

第一期國家型能源計畫下為了評估黑潮發電的潛力，2009年4月26日帶領海研一號赴綠島、臺東之間的海脊上布放臺大、海大、中大的三組ADCP錨碇，捕捉那兒黑潮流速變動的特徵。(攝影：詹森)

測量。

　　2012年起，OKTV計畫也在花東海域的KTV1測線以研究船和定點錨碇儀器觀測黑潮。這些海流觀測的結果除了協助量化黑潮蘊含的能量和發電潛能，更重要的是明確點出其流速、流幅、高速海流層厚度、最大流速位置與深度的變化幅度皆很大。研究船每次觀測到的最大流速變化從每秒0.7到1.4公尺之間都有，最大流速軸位置有時靠近花蓮海岸僅10多公里，有時遠到離岸100多公里的地方形成蜿蜒現象，在近岸區製造出向南的反流；流速剖面有時出現單一最大流速軸、

有時表現出雙最大流速軸，流幅寬度介於85和135公里之間，用「黑潮震盪」來形容非常貼切。這些看似隨意的黑潮時空變異，其實跟每個或每對跑到臺灣東邊的中尺度海洋渦旋撞到黑潮都有密切關係。透過渦旋與黑潮彼此的交互作用，會導致黑潮震盪，包括間隔時間約70到130天不等的震盪。不僅如此，黑潮流過蘭嶼、綠島都會在背流側產生類似卡門渦街（Kármán vortex street）的小渦流，流過綠島到臺東之間的海底山脊又會產生許多凱文－亥姆霍次的不穩定波列等。這些觀測結果都顯示黑潮流速構造的變動量往往大於平均值的一半。以此變動的程度來衡量，黑潮從呂宋海峽到臺灣東邊這段選址，不甚穩定，對黑潮發電是一個很大的不確定因子；而整個渦輪發電機錨碇要如何承受這麼多不同時空尺度的海洋擾動，加上颱風帶來的狂暴風浪，同時能隨之穩定發電，是工程技術上的一大挑戰。

2016年間海洋工程團隊曾在鵝鑾鼻東南方測試過黑潮發電，在某些媒體報導其獨步全球、大獲成功的祝賀聲中，不為人知的是渦輪機載台似乎以斷纜漂流到花蓮外海坐收。黑潮發電要成功甚至達到商業運轉發電，仍有許多海洋工程、機電工程、被大自然沒收與破壞海洋環境、干擾近海漁業的挑戰需要克服。例如如何克服海水腐蝕及生物附著、繫纜繩鍊在強流中產生的高頻振動、劇烈天氣的侵襲、電力儲存或傳送上岸等，都是工程技術上要解決的問題。此外，還有幾個不同面相的挑戰也需要大家努力發揮巧思解決。例如，某些評估報告以觀測資料數據為本的通盤考量與可行性分析稍嫌不足、現有現場實測資料的盤點及文獻回顧以及國外開發海洋能成功及失敗案例的分析等也還有強化的空間；而其中過度依賴數值模擬的結果，可能導致在虛擬世界裡美化了黑潮發電的願景，忽略了海洋實境中的變化詭譎與險惡處境。例如，海流動能只能抽取15%到20%以內的限制、目前渦輪發電機轉換動能成電能的效率恐怕不到20%的事實；而在海流裡置入

渦輪機等於在海裡加入阻抗，海流碰到阻抗大的地方就會繞道，如何發展低旋轉速、高效率的潮流發電渦輪機，進一步增加渦輪機捕捉海流動能的靈巧性等，都是頗為巨大的挑戰。

再者，黑潮發電對於環境和漁業的潛在衝擊，也必須審慎納入考慮，尤其國內普遍評估出的潛勢熱區之一──成功海域。如第6章所說，鬼頭刀年產量約 2,000 噸，鬼頭刀排銷往歐美每年的產值大約臺幣1.6 億到 1.7 億，如果把此片海域做為黑潮發電的場域，必然會對當地捕捉鬼頭刀，甚至鏢旗魚的漁業行為產生衝擊，對海洋環境與整體生態鏈的影響尤須慎重評估。

綜合目前國內諸多研究團隊的進展，我認為「黑潮發電」暫時仍是一份看得到卻吃不到的「永續大餐」。要利用海洋綠能保護地球，一定要從了解海洋開始。在未能全盤了解海洋能源環境的狀況下直接跳下海，風險極大，不宜貿然。希望洋流發電這個百年來的夢，在築夢踏實的路上前進。

海洋保育

回返初心。研究海洋、探索黑潮的目的究竟是什麼？

鑽進海洋現場，發明新的測量方法使能更準確、快速、大範圍的測量海洋，下載大量觀測資料加以分析，在電腦的虛擬世界透過模型研究洋流……，這些過程除了滿足人類對大自然的好奇，最終目標是要把海洋變動背後的動力過程，轉化為數學公式，融入海洋數值模式，提高模式模擬能力，增進數值預報的準確度，具體幫助人類社會在各方面廣泛應用、提升效能，例如漂流搜救、汙染擴散防治、颱風預報、漁業資源管理，以至全球變遷海洋暖化的未來預測等。準確的海洋氣候預報，甚至還可以應用在期貨投資上面。

研究黑潮的目的是希望保護海洋、永續利用，具體幫助人們更好的運用海洋資源，鼓勵大家了解海洋、走進海洋。（攝影：洪曉敏〈左〉、張信儒〈右〉）

　　從十多年來的黑潮現場採樣與探測中，我們一步一步揭開了黑潮多變的神祕面紗，然而，該如何將這些專業研究轉化為淺顯易懂、一般大眾有感的知識，吸引大家目光，引發對海洋的關注，的確極為困難。要實現這份理想，恐怕比揭露海洋奧祕更為艱難。

　　從事海洋領域的研究者，著重在教學、研究、指導研究生、帶領出海進行實驗，的確難以兼顧向大眾推廣科學知識與研究成果。即便如此努力倡議海洋保育，其功效也未可知。然而，縱使困難重重，不開始就永遠不會發生。

　　大約20年前到夏威夷旅遊時，看了一部由格雷戈・邁吉里弗雷（Greg MacGillivray）導演的紀錄片《The Living Sea》，其中兩句話令我印象深刻，也讓我找到了從事海洋研究的堅定理由：「以陸地和海洋占地球表面積的比例來看，我們都是島民」，「我們無法保護一個我們不懂的事物」。保護海洋、解開氣候暖化跟黑潮互動之謎，達到海洋資源永續利用，實現海洋國家的理想，這些都需要倚賴長期且系統化建立海洋觀測基礎。

　　想要了解海洋的過去和現在，預測未來，並與聯合國2021～2030海洋10年行動綱領結合，黑潮，正是這樣一道銜接島嶼與全球海洋之

夢的巨流河。

　　以臺灣為中心的黑潮探測，能具體開啟
北太平洋環流的科學之旅，逐步向外擴張，
建構起學界長久以來西北太平洋海洋觀測
網。把口號化為實際行動，要了解海洋，大
家唯有走進海洋。

許一個美麗黑潮新地球

　　每每在風口浪尖進行各種海洋研究工作
時，總不免想到該如何將這一切訴說給大眾、
訴說給下一代的孩子們了解，我們要留給下
一代一個什麼樣的黑潮與海洋？

　　孩子眼裡的海洋是什麼模樣？他們可知
黑潮是什麼？西方邊界流又是什麼？孩子想
像的黑潮、海洋是很純淨、很直觀的。海，
是一個充滿海洋生物、海鳥以及一切生物都
可以和諧共生的水世界，而要保護海洋，就
是要禁用或減少塑膠製品。

（製圖：詹穎）

　　職涯與海洋搏感情30年來，看盡潮來
浪去。在太平洋上呼吸著自由的海風，我們
大人們是不是該留給世世代代子孫一個「美
麗黑潮新地球」？

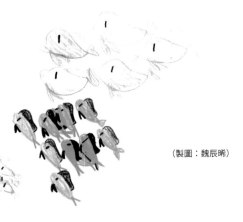

（製圖：魏辰晞）

參考文獻

Acabado, C. S., Cheng, Y.-H., Chang, M.-H., and Chen, C.-C. (2021). Vertical nitrate flux induced by Kelvin–Helmholtz billows over a seamount in the Kuroshio. *Frontiers in Marine Science*, 8, 680729, https://doi.org/10.3389/fmars.2021.680729.

Andres, M., Wimbush, M., Park, J. H., Chang, K. I., Lim, B. H., Watts, D. R., Ichikawa, H., and Teague, W. J. (2008). Observations of Kuroshio flow variations in the East China Sea. *Journal of Geophysical Research: Oceans*, 113, C05013, https://doi.org/10.1029/2007JC004200

Andres, M., Jan, S., Sanford, T. B., Mensah, V., Centurioni, L. R., and Book, J. W. (2015). Mean structure and variability of the Kuroshio from northeastern Taiwan to southwestern Japan. *Oceanography*, 28, 4, 84–95, http://dx.doi.org/10.5670/oceanog.2015.84.

Andres, M., Mensah, V., Jan, S., Chang, M.-H., Yang, Y. J., Lee, C. M., Ma, B., and Sanford, T. B. (2017). Downstream evolution of the Kuroshio's time-varying transport and velocity structure. *Journal of Geophysical Research: Oceans*, 122, https://doi.org/10.1002/2016JC012519.

Block, B. A. (1986). Structure of the brain and eye heater tissue in marlins, sailfish, and spearfishes. *Journal of Morphology*, 190, 169–189, doi: 10.1002/jmor.1051900203

Brill, R. W. (1996). Selective advantages conferred by the high performance physiology of tunas, billfishes, and dolphin fish. *Comparative Biochemistry and Physiology Part A: Molecular & Integrative Physiology*, 113, 3–15, https://doi.org/10.1016/0300-9629(95)02064-0

Brill, R. W., and Lutcavage, M. (2001). Understanding environmental influences on movements and depth distributions of tunas and billfishes can significantly improve population assessments. *American Fisheries Society Symposium*, 25, 179–198.

Centurioni, L. R., Niller, P. P., and Lee, D. K. (2004). Observations of inflow of Philippine Sea surface water into the South China Sea through the Luzon Strait. *Journal of Physical Oceanography*, 34, 113–121, https://doi.org/10.1175/1520-0485(2004)034<0113:OOIOPS>2.0.CO;2

Chang, C. T., Chiang, W. C., Chang, Y. C., Musyl, M. K., Sun, C. L., Madigan, D. J., Carlisle, A. B., Hsu, H. H., Chang, Q. X., Su, N. J., Ho, Y. S., and Tseng, C. T. (2019). Stable isotope analysis reveals ontogenetic feeding shifts in Pacific blue marlin *(Makaira nigricans)* off eastern Taiwan. *Journal of Fish Biology*, 94, 958–965, https://doi.org/10.1111/jfb.13902

Chang, C. T., Chiang, W. C., Musyl, M. K., Popp, B. N., Lam, C. H., Lin, S. J., Watanabe, Y. Y., Ho, Y. S., and Chen, J. R. (2021). Water column structure influences long-distance latitudinal migration patterns and habitat use of bumphead sunfish *Mola alexandrini* in the Pacific Ocean. *Scientific Reports*, 11, 21934, https://doi.org/10.1038/s41598-021-01110-y

Chang, M.-H., Jheng, S.-Y., and Lien, R.-C. (2016). Trains of large Kelvin-Helmholtz billows observed in the Kuroshio above a seamount. *Geophysical Research Letters*, 43, 16, 8654–8661, https://doi.org/10.1002/2016GL069462.

Chang, M.-H., Jan, S., Mensah, V., Andres, M., Rainville, L., Yang, Y. J., and Cheng, Y.-H. (2018).

Zonal migration and transport variations of the Kuroshio east of Taiwan induced by eddy impingements. *Deep-Sea Research I*, 131, 1–15, https://doi.org/10.1016/j.dsr.2017.11.006.

Chang, M.-H., Jan, S., Liu, C.-L., Cheng, Y.-H., and Mensah, V. (2019). Observations of island wakes at high Rossby numbers: Evolution of submesoscale vortices and free shear layers. *Journal of Physical Oceanography*, 49, 11, 2997–3016, https://doi.org/10.1175/JPO-D-19-0035.1

Chao, S.-Y. (1990). Circulation of the East China Sea, a numerical study. *Journal of Oceanography Society Japan*, 46, 6, 273–295, doi: 10.1007/BF02123503

Carlisle, A. B., Kochevar, R. E., Arostegui, M. C., Ganong, J. E., Castleton, M., Schratwieser, J., and Block, B. A. (2017). Influence of temperature and oxygen on the distribution of blue marlin *(Makaira nigricans)* in the Central Pacific. *Fisheries Oceanography*, 26, 34–48, https://doi.org/10.1111/fog.12183

Chen, C., Wang, G., Xie, S.-P., and Liu, W. (2019). Why does global warming weaken the Gulf Stream but intensify the Kuroshio? *Journal of Climate,* 32, 21, 7437–7451, https://doi.org/10.1175/JCLI-D-18-0895.1

Chen, C.-C., Hsu, S.-C., Jan, S., and Gong, G.-C. (2015). Episodic events imposed on the seasonal nutrient dynamics of an upwelling system off northeastern Taiwan. *Journal of Marine Systems,* 141(SI), 128-135, https://doi.org/10.1016/j.jmarsys.2014.07.021.

Chen, C.-C., Jan, S., Kuo, T.-H., and Li, S.-Y. (2017). Nutrient flux and transport by the Kuroshio east of Taiwan. *Journal of Marine Systems,* 167, 43–54, http://dx.doi.org/10.1016/j.jmarsys.2016.11.004.

Chen, C.-C., Lu, C.-Y., Jan, S., Hsieh, C.-H., and Chung, C.-C. (2022). Effects of the coastal uplift on the Kuroshio ecosystem, eastern Taiwan, the western boundary current of the North Pacific Ocean. *Frontiers in Marine Science*, 9, 796187, doi: 10.3389/fmars.2022.796187.

Chen, C.-T. A., Liu, C. T., and Pai, S. C. (1994). Transport of oxygen, nutrients and carbonates by the Kuroshio Current. *Chinese Journal of Oceanology and Limnology,* 12, 220–227, doi:10.1007/BF02845167

Chen, C.-T. A. (2005). Tracing tropical and intermediate waters from the South China Sea to the Okinawa Trough and beyond. *Journal of Geophysical Research: Oceans*, 110, C05012, doi:10.1029/2004JC002494.

Chen, C.-T. A., and Huang, M. H. (1996). A mid-depth front separating the South China Sea water and the Philippine Sea water. *Journal of Oceanography*, 52, 17–25, https://doi.org/10.1007/BF02236530

Chen, C.-T. A., Jan, S., Huang, T.-S., Wang, B.-J., and Tseng, Y.-H. (2010). The spring of no Kuroshio intrusion in the southern Taiwan Strait. *Journal of Geophysical Research–Oceans*, 115, C08011, https://doi.org/10.1029/2009JC005804.

Chen, C.-T. A., Huang, T. H., Wu, C. H., Yang, H., and Guo, X. (2021). Variability of the nutrient stream near Kuroshio's origin. *Scientific* Reports, 11:5080. doi: 10.1038/s41598-021-84420-5.

Chen, C.-T. A., Huang, T.-H., Huang, W.-J., Yang, Y. J., Jan, S., Lee, M.-A., and Lee, M.-T.

(2022). The Kuroshio radiocesium stream. *Marine Pollution Bulletin*, 182, 114026, https://doi.org/10.1016/j.marpolbul.2022.114026.

Chen, J.-L., Yu, X., Chang, M.-H., Jan, S., Yang, Y. J., and Lien, R.-C. (2022). Shear instability and turbulent mixing in the stratified shear flow behind a topographic ridge at high Reynolds number. *Frontiers in Marine Science*, 9, 829579, doi: 10.3389/fmars.2022.829579.

Chen, Y.-L. L., Chen, H.-Y., Jan, S., and Tuo, S.-H. (2009). Phytoplankton productivity enhancement and assemblage change in the upstream Kuroshio after typhoons. *Marine Ecology Progress Series*, 385, 111-126, https://doi.org/10.3354/meps08053.

Cheng, W.-H., Lu, H.-P., Chen, C.-C., Jan, S., and Hsieh, C.-h. (2020). Vertical beta-diversity of bacterial communities depending on water stratification, *Frontiers in Microbiology, section Aquatic Microbiology*, 19, 449, https://doi.org/10.3389/fmicb.2020.00449

Cheng, Y.-C., Jan, S., and Chen, C.-C. (2022). Kuroshio intrusion and its impact on swordtip squid (Uroteuthis edulis) abundance in the southern East China Sea. *Frontiers in Marine Science*, 9, 900299, doi: 10.3389/fmars.2022.900299.

Cheng, Y.‑H., Chang, M.‑H., Ko, D. S., Jan, S., Andres, M., Kirincich, A., Yang, Y. J., and Tai, J.‑H. (2020). Submesoscale eddy and frontal instabilities in the Kuroshio interacting with a cape south of Taiwan. *Journal of Geophysical Research: Oceans*, 124, e2020JC016123, https://doi.org/10.1029/2020JC016123

Chern, C.-S., Wang, J., and Wang, D.-P. (1990). The exchange of Kuroshio and East China Sea shelf water. *Journal of Geophysical Research: Oceans*, 95, C9, 16017–16023, https://doi.org/10.1029/JC095iC09p16017

Chern, C.-S., and Wang, J. (1990). On the mixing of waters at a northern offshore area of Taiwan. *Terrestrial Atmospheric and Oceanic Sciences*, 1, 3, 297–306.

Chern, C.-S., and Wang, J. (1992). The influence of Taiwan Strait waters on the circulation of the southern East China Sea. *La mer*, 30, 223–228.

Chern, C.-S., and Wang, J. (1998). The spreading of South China Sea water to the east of Taiwan during summertime. *Acta Oceanographica Taiwanica*, 32, 97–109.

Chern, C.-S., and Wang, J. (2005). Interactions of mesoscale eddy and western boundary current: A reduced-gravity numerical model study. *Journal of Oceanography*, 61, 2, 271–282, https://doi.org/10.1007/s10872-005-0037-z

Chern, C.-S., Jan, S., and Wang, J. (2010). Numerical study of mean flow patterns in the South China Sea and the Luzon Strait. *Ocean Dynamics*, 60, 5, 1047–1059, doi: 10.1007/s10236-010-0305-3.

Chiang W.-C., Sun, C.-L., Yeh, S.-Z., Su, W.-C., Liu, D.-C., and Chen, W.-Y. (2006). Sex ratios, size at sexual maturity, and spawning seasonality of sailfish *Istiophorus platypterus* from eastern Taiwan. *Bulletin of Marine Science*, 79, 727–737.

Chiang, W.-C., Sun, C.-L., Yeh, S.-Z., and Su, W.-C. (2004). Age and growth of sailfish (*Istiophorus platypterus*) in waters off eastern Taiwan. *Fishery Bulletin*, 102, 251–263.

Chiang, W.-C., Sun, C.-L., Yeh, S.-Z., Su, W.-C., and Liu, D.-C. (2006). Spawning frequency and batch fecundity of the sailfish (*Istiophorus platypterus*) (Istiophoridae) in waters off eastern Taiwan. *Zoological Studies*, 45, 483–490.

Chiang, W.-C., Chang, C.-T., Madigan, J. D., Carlisle, B. A., Musyl, M. K., Chang, Y.-C., Hsu, H.-H., Su, N.-J., Sun, C.-L., Ho, Y.-S., Tseng, C.-T. (2020). Stable isotope analysis reveals feeding ecology and trophic position of black marlin off eastern Taiwan. *Deep-Sea Research II*, 175, 104821, https://doi.org/10.1016/j.dsr2.2020.104821

Chiang, W.-C., Musyl, M. K., Sun, C.-L., DiNardo, G., Hung, H.-M., Lin, H.-C., Chen, S.-C., Yeh, S.-Z., Chen, W.-Y., and Kuo, C.-L. (2015). Seasonal movements and diving behaviour of black marlin *(Istiompax indica)* in the northwestern Pacific Ocean. *Fisheries Research*, 166, 92–102, https://doi.org/10.1016/j.fishres.2014.10.023

Chiang, W.-C., Musyl, M. K., Sun, C.-L., Chen, S.-Y., Chen, W.-Y., Liu, D.-C., Su, W.-C., Yeh, S.-Z., Fu, S.-C., and Huang, T.-L. (2011). Vertical and horizontal movements of sailfish (*Istiophorus platypterus*) near Taiwan determined using pop-up satellite tags. *Journal of Experimental Marine Biology and Ecology*, 397, 129–135, https://doi.org/10.1016/j.jembe.2010.11.018

Chiang, W.-C., Kawabe, R., Musyl, M. K., Sun, C.-L., Hung, H.-M., Lin, H.-C., Watanabe, S., Furukawa, S., Chen, W.-Y., Chen, Y.-K., and Liu, D.-C. (2013). Diel oscillations in sailfish vertical movement behavior in the East China Sea. *Journal of Marine Science and Technology*, 21, 267–273, doi: 10.6119/JMST-013-1220-15

Chuang, W.-S., and Liang, W.-D. (1994). Seasonal variability of intrusion of the Kuroshio water across the continental shelf northeast of Taiwan. *Journal of Oceanography*, 50, 531–542, http://dx.doi.org/10.1007/BF02235422.

Chung, S.-W., Jan, S., and Liu, K.-K. (2001). Nutrient fluxes through the Taiwan Strait in spring and summer 1999. *Journal of Oceanography*, 57, 47-53, https://doi.org/10.1023/A:1011122703552.

Fang, G., Wei, Z., Choi, B.-H., Wang, K., Fang, Y., and Li, W. (2003). Interbasin freshwater, heat and salt transport through the boundaries of the East and South China Seas from a variable-grid global ocean circulation model. *Science in China* (Ser. D), 46, 2, 149–161, https://doi.org/10.1360/03yd9014

Fujiwara, K., Kawamura, R., and Kawano, T. (2020). Remote thermodynamic impact of the Kuroshio Current on a developing tropical cyclone over the Western North Pacific in boreal fall. *Journal of Geophysical Research: Atmosphere*, 125, e2019JD031356, https://doi.org/10.1029/2019jd031356

Furukawa, S., Kawabe, R., Ohshimo, S., Fujioka, K., Nishihara, G. N., Tsuda, Y., Aoshima, T., and Kanehara, H. (2011). Vertical movement of dolphinfish *Coryphaena hippurus* as recorded by acceleration data-loggers in the northern East China Sea. *Environmental Biology of Fishes*, 92, 89–99, https://doi.org/10.1007/s10641-011-9818-y

Furukawa, S., Tsuda, Y., Nishihara, G. N., Fujioka, K., Ohshimo, S., Tomoe, S., Nakatsuka, N.,

Kimura, H., Aoshima, T., Kanehara, H., Kitagawa, T., Chiang, W. C., Nakata, H., and Kawabe, R. (2014). Vertical movements of Pacific bluefin tuna (*Thunnus orientalis*) and dolphinfish (*Coryphaena hippurus*) relative to the thermocline in the northern East China Sea. *Fisheries Research*, 149, 86–91, https://doi.org/10.1016/j.fishres.2013.09.004

Furukawa, S., Chiang, W. C., Watanabe, S., Hung, H. M., Lin, H. C., Yeh, H. M., Wang, S. P., Tone, K., and Kawabe, R. (2015). The first record of peritoneal cavity temperature in free-swimming dolphinfish *Coryphaena hippurus* by using archival tags, on the east coast of Taiwan. *Journal of Aquaculture & Marine Biology*, 2, 1–7, doi: 10.15406/jamb.2015.02.00032

Gawarkiewicz, G., Jan, S., Lermusiaux, P. F. J., McClean, J. L., Centurioni, L., Taylor, K., Cornuelle, B., Duda, T. F., Wang, J., Yang, Y. J., and others. (2011). Circulation and intrusions northeast of Taiwan: Chasing and predicting uncertainty in the cold dome. *Oceanography*, 24, 4, 110–121, http://dx.doi.org/10.5670/oceanog.2011.99.

Gilson, J., and Roemmich, D. (2002). Mean and temporal variability in Kuroshio geostrophic transport south of Taiwan (1993–2001). *Journal of Oceanography*, 58, 183-195.

Goodyear, C. P., Luo, J., Prince, E. D., Hoolihan, J. P., Snodgrass, D., Orbesen, E. S., and Serafy, J. E. (2008). Vertical habitat use of Atlantic blue marlin Makaira nigricans: interaction with pelagic longline gear. *Marine Ecology Progress Series,* 365, 233-245, doi: 10.3354/meps07505.

Guo, X., Zhu, X.-H., Wu, Q.-S., and Huang, D. (2012). The Kuroshio nutrient stream and its temporal variation in the East China Sea. *Journal of Geophysical Research: Oceans*, 117, C1, https://doi.org/10.1029/2011JC007292

Hsin, Y.-C., Qiu, B., Chiang, T.-L., and Wu, C.-R. (2013). Seasonal to interannual variations in the intensity and central position of the surface Kuroshio east of Taiwan. *Journal of Geophysical Research: Oceans*, 118, doi:10.1002/jgrc.20323.

Hsu, P.-C., Cheng, K.-H., Jan, S., Lee, H.-J., and Ho, C.-R. (2019). Vertical structure and surface patterns of Green Island wakes induced by the Kuroshio. *Deep-Sea Research I*, 143, 1–16, https://doi.org/10.1016/j.dsr.2018.11.002.

Hsu, P.-C., Chang, M.-H., Lin, C.-C., Huang, S.-J., and Ho, C.-R. (2017). Investigation of the island-induced ocean vortex train of the Kuroshio Current using satellite imagery. *Remote Sensing of Environment*, 193, 54–64.

Hsueh, Y., Wang, J., and Chern, C.-S. (1992). The intrusion of the Kuroshio across the continental shelf northeast of Taiwan. *Journal of Geophysical Research*, 97, C9, 14323–14330, http://dx.doi.org/ 10.1029/92JC01401.

Huang, W. J., Lee, M. T., Huang, K. C., Kao, K. J., Lee, M. A., Yang, Y. J., Jan, S., and Chen, C. T. A. (2021). Radiocesium in the Taiwan Strait and the Kuroshio east of Taiwan from 2018 to 2019. *Scientific Reports*, 11, 1, 22467, https://doi.org/10.1038/s41598-021-01895-y.

Jan, S., Wang, J., Chern, C.-S., and Chao, S.-Y. (2002). Seasonal variation of the circulation in the Taiwan Strait. *Journal of Marine Systems*, 35, 3-4, 249-268, https://doi.org/10.1016/S0924-7963(02)00130-6.

Jan, S., Chern, C.-S., and Wang, J. (2002). Transition of tidal waves from the East to South China Seas over the Taiwan Strait: Influence of the abrupt step in the topography. *Journal of Oceanography*, 58, 837–850, https://doi.org/10.1023/A:1022827330693.

Jan, S., and Chao, S.-Y. (2003). Seasonal variation of volume transport in the major inflow region of the Taiwan Strait: The Penghu Channel. *Deep Sea Research II*, 50, 6-7, 1117-1126, https://doi.org/10.1016/S0967-0645(03)00013-4

Jan, S., R.-C. Lien, and C.-H. Ting (2008). Numerical study of baroclinic tides in Luzon Strait. *Journal of Oceanography*, 64, 5, 789–802, https://doi.org/10.1007/s10872-008-0066-5.

Jan, S., and Chen, C. T. A. (2009). Potential biogeochemical effects from vigorous internal tides generated in the Luzon Strait: A case study at the southernmost coast of Taiwan. *Journal of Geophysical Research-Oceans*, 114, C04021, https://doi.org/10.1029/2008JC004887.

Jan, S., Tseng, Y.-H., and Dietrich, D. E. (2010). Sources of water in the Taiwan Strait. *Journal of Oceanography*, 66, 211–221, https://doi.org/10.1007/s10872-010-0019-7.

Jan, S., Chen, C.-C., Tsai, Y.-L., Yang, Y. J., Wang, J., Chern, C.-S., Gawarkiewicz, G., Lien, R.-C., Centurioni, L., and Kuo, J.-Y. (2011). Mean structure and variability of the cold dome northeast of Taiwan. *Oceanography*, 24, 4, 100–109, http://dx.doi.org/10.5670/oceanog.2011.98.

Jan, S., Chern, C.-S., Wang, J., and Chiou, M.-D. (2012). Generation and propagation of baroclinic tides modified by the Kuroshio in the Luzon Strait. *Journal of Geophysical Research-Oceans*, 117, C02019, https://doi.org/10.1029/2011JC007229.

Jan, S., Yang, Y. J., Wang, J., Mensah, V., Kuo, T.-H., Chiou, M.-D., Chern, C.-S., Chang, M.-H., and Chien, H. (2015). Large variability of the Kuroshio at 23.75°N east of Taiwan. *Journal of Geophysical Research: Oceans*, 120, https://doi.org/10.1002/2014JC010614.

Jan, S., Mensah, V., Andres, M., Chang, M.-H., and Yang, Y. J. (2017). Eddy-Kuroshio interactions: Local and remote effects. *Journal of Geophysical Research: Oceans*, 122, 9744–9764, https://doi.org/10.1002/2017JC013476.

Jan, S., Wang, S.-H., Yang, K.-C., Yang, Y. J., and Chang, M.-H. (2019). Glider observations of interleaving layers beneath the Kuroshio primary velocity core east of Taiwan and analyses of underlying dynamics. *Scientific Reports*, 9, 11401, https://doi.org/10.1038/s41598-019-47912-z.

Johns, W. E., Lee, T. N., Zhang, D., Zantopp, R., Liu, C.-T., and Yang, Y. (2001). The Kuroshio east of Taiwan: Moored transport observations from the WOCE PCM-1 array. *Journal of Physical Oceanography*, 31, 1031–1053.

Kaifu, Y., Kuo, T.-H., Kubota, Y., and Jan, S. (2020). Paleolithic voyage for invisible islands beyond the horizon. *Scientific Reports*, 10, 19785, https://doi.org/10.1038/s41598-020-76831-7.

Kawakami, Y., Nakano, H., Urakawa, L.S., Toyoda, T., Sakamoto, K., Yoshimura, H., Shindo, E., and Yamanaka, G. (2022). Interactions between ocean and successive typhoons in the Kuroshio region in 2018 in atmosphere–ocean coupled model simulations. *Journal of Geophysical Research: Oceans*, 127, e2021JC018203, https://doi.org/10.1029/2021J

Kuo, Y.-C., and Chern, C.-S. (2011). Numerical study on the interactions between a mesoscale eddy and a western boundary current. *Journal of Oceanography*, 67, 263–272, doi:10.1007/ s10872-011-0026-3.

Lam, C. H., Nielsen, A., and Sibert. J. R. (2008). Improving light and temperature based geolocation by unscented Kalman filtering. *Fisheries Research*, 91, 15–25, https://doi. org/10.1016/j.fishres.2007.11.002

Lee, I.-H., Ko, D.-S., Wang, Y.-H., Centurioni, L., and Wang, D.-P. (2013). The mesoscale eddies and Kuroshio transport in the western North Pacific east of Taiwan from 8-year (2003–2010) model reanalysis. *Ocean Dynamics*, 63, 9-10, 1027–1040, doi: 10.1007/s10236-013-0643-z

Liang, W.-D., Tang, T. Y., Yang, Y. J., Ko, M.-T., and Chuang, W.-S. (2003). Upper-ocean currents around Taiwan. *Deep-Sea Research II*, 50, 1085–1105.

Lien, R.-C., Ma, B., Cheng, Y.-H., Ho, C.-R., Qiu, B., Lee, C. M., and Chang, M.-H. (2014). Modulation of Kuroshio transport by mesoscale eddies at the Luzon Strait entrance. *Journal of Geophysical Research: Oceans*, 119, 2129–2142, doi:10.1002/2013JC009548.

Lin, F. S., Ho, P. C., Sastri, A. R., Chen, C. C., Gong, G. C., Jan, S., and Hsieh, C.-H. (2019). Resource availability affects temporal variation of phytoplankton size structure in the Kuroshio east of Taiwan. *Limnology and Oceanography,* 9999, 1-11, https://doi.org/10.1002/lno.11294.

Lin, I.-I., Wu, C.-C., Pun, I.-F., and Ko, D. S. (2008). Upper-ocean thermal structure and the Western North Pacific Category 5 typhoons. Part I: Ocean features and the category 5 typhoon's intensification. *Monthly Weather Review,* 136, 3288– 3306. https://doi. org/10.1175/2008mwr2277.1

Lin, I.-I., Pun, I.-F., and Lien, C.-C. (2014). "Category-6" supertyphoon Haiyan in global warming hiatus: Contribution from subsurface ocean warming. *Geophysical Research Letters,* 41, 8547–8553, https://doi.org/10.1002/2014GL061281.

Lin, S. J., Musyl, M. K., Wang, S. P., Su, N. J., Chiang, W. C., Lu, C. P., Tone, K., Wu, C, Y., Sasaki, A., Nakamura, I., Komeyama, K., and Kawabe, R. (2019). Movement behaviour of released wild and farm-raised dolphinfish *Coryphaena hippurus* tracked by pop-up satellite archival tags. *Fisheries Science*, 85, 779–790, https://doi.org/10.1007/s12562-019-01334-y

Lin, S. J., Chiang, W. C., Musyl, M. K., Wang, S. P., Su, N. J., Chang, Q. X., Ho, Y. S., Nakamura, I., Tseng, C. T., and Kawabe, R. (2020). Movements and habitat use of dolphinfish (*Coryphaena hippurus*) in the East China Sea. *Sustainability*, 12, 14, 5793, https://doi.org/10.3390/ su12145793

Liu, A. C.-H., Chang, F.-H., Yang, J. W., Saito, H., Umezawa, Y., Chen, C.-C., Jan, S., and Hsieh, C.- h. (2022). Free-living marine bacterioplankton composition and diversity along the Kuroshio region. *Deep Sea Research I*, 183, 103741, https://doi.org/10.1016/j.dsr.2022.103741.

Liu, C.-T., Cheng, S.-P., Chuang, W.-S., Yang, Y., Lee, T. N., Johns, W. E., and Li, H.-W. (1998). Mean structure and transport of Taiwan Current (Kuroshio). *Acta Oceanographica Taiwanica*, 36, 2, 159–176.

Liu, K.-K., Gong, G.-C., Lin, S., Yang, C.-Y., Wei, C.-L., Pai, S.-C., and Wu, C.-K. (1992). The year-round upwelling at the shelf break near the northern tip of Taiwan as evidenced by chemical hydrography. *Terrestrial Atmospheric and Oceanic Sciences*, 3, 243–275.

Manda, A., Nakamura, H., Asano, N., Iizuka, S., Miyama, T., Moteki, Q., Yoshioka, M. K., Nishii, K., and Miyasaka, T. (2014). Impacts of a warming marginal sea on torrential rainfall organized under the Asian summer monsoon. *Scientific Reports*, 4, 5741, https://doi.org/10.1038/srep05741

Mensah, V., Jan, S., Chiou, M.-D., Kuo, T.-H., and Lien, R.-C. (2014). Evolution of the Kuroshio Tropical Water from the Luzon Strait to the east of Taiwan. *Deep-Sea Research* I, 86, 68–81, http://dx.doi.org/10.1016/j.dsr.2014.01.005.

Mensah, V., Jan, S., Chang, M.-H., and Yang, Y. J. (2015). Intraseasonal to seasonal variability of the intermediate waters along the Kuroshio path east of Taiwan. *Journal of Geophysical Research: Oceans,* 120, 8, 5473–5489, https://doi.org/10.1002/2015JC010768.

Mensah, V., Andres, M., Lien, R.-C., Ma, B., Lee, C., and Jan, S. (2016). Combining observations from multiple platforms across the Kuroshio northeast of Luzon: a highlight on PIES data. *Journal of Atmospheric and Oceanic Technology*, 33, 2185–2203, https://doi.org/10.1175/JTECH-D-16-0095.1.

Mensah, V., Jan, S., Andres, M., and Chang, M.-H. (2020). Response of the Kuroshio east of Taiwan to mesoscale eddies and upstream variations, *Journal of Oceanography*, 76, 271–288, https://doi.org/10.1007/s10872-020-00544-8

Morimoto, A., Kojima, S., Jan, S., and Takahashi, D. (2009). Movement of the Kuroshio axis to the northeast shelf of Taiwan during typhoon events. *Estuarine, Coastal and Shelf Sciences*, 82, 547–552, http://dx.doi.org/ 10.1016/j.ecss.2009.02.022

Musyl, M. K., Brill, R. W., Boggs, C. H., Curran, D. S., Kazama, T. K., and Seki, M. P. (2003). Vertical movements of bigeye tuna (*Thunnus obesus*) associated with islands, buoys, and seamounts near the main Hawaiian Islands from archival tagging data. *Fisheries Oceanography*, 12, 152–169, https://doi.org/10.1046/j.1365-2419.2003.00229.x

Musyl, M. K., and Mcnaughton, L. M. (2007). Report on pop-up satellite archival tag (PSAT) operations, conducted on sailfish, *Istiophorus platypterus*, by Research Scientists of the Fisheries Research Institute, Eastern Marine Biology Research Center, and Institute of Oceanography, College of Science, National Taiwan University, 6–7 June 2007, Chengkong, Taiwan Accessed 17 March, 2018.

Musyl, M. K., Moyes, C. D., Brill, R. W., Mourato, B. L., West, A., McNaughton, L. M., Chiang, W. C., and Sun, C. L. (2015). Postrelease mortality in istiophorid billfish. *Canadian Journal of Fisheries and Aquatic Sciences*, 72, 4, 538–556, https://doi.org/10.1139/cjfas-2014-0323

Nitani, H. (1972). Beginning of the Kuroshio. In: Stommel, H., Yoshida, K. (Eds.), *Kuroshio, its physical aspects*. University of Tokyo Press, Tokyo, pp. 129–163.

Prince, E. D., and Goodyear, C. P. (2006). Hypoxia-based habitat compression of tropical pelagic fishes. *Fisheries Oceanography*, 15, 451–464, https://doi.org/10.1111/j.1365-2419.2005.00393.x

Prince, E. D., Luo, J., Goodyear, C. P., and Hoolihan, J. P. (2010). Ocean scale hypoxia-based habitat compression of Atlantic istiophorid billfishes. *Fisheries Oceanography*, 19, 448–462, https://doi.org/10.1111/j.1365-2419.2010.00556.x

Qiu, B., Rudnick, D. L., Chen, S., and Kashino, Y. (2013). Quasi-stationary North Equatorial Undercurrent jets across the tropical North Pacific *Ocean. Geophysical Research Letters*, 40, 1–5, doi: 10.1002/grl.50394.

Qu, T. D., Mitsudera H., and Yamagata, T. (2000). Intrusion of the North Pacific waters into the South China Sea. *Journal of Geophysical Research: Oceans*, 105, C3, 6415–6424, https://doi.org/10.1029/1999JC900323

Rudnick, L. D., Jan, S., Centurioni, L., Lee, C. M., Lien, R.-C., Wang, J., Lee, D. K., Tseng, R.-S. Tseng, Kim, Y. Y., and Chern, C.-S. (2011). Seasonal and mesoscale variability of the Kuroshio near its origin. *Oceanography*, 24, 4, 52–63, http://dx.doi.org/10.5670/oceanog.2011.94.

Rudnick, D. L., Jan, S., and Lee, C. M. (2015). A new look at circulation in the western North Pacific. *Oceanography*, 28, 4, 16–23, http://dx.doi.org/10.5670/oceanog.2015.77.

Saito, H. (2019). The Kuroshio: Its recognition, scientific activities and emerging issues. In *Kuroshio current: Physical, biogeochemical, and ecosystem dynamics* (pp. 3–11), https://doi.org/10.1002/9781119428428.ch1

Salvadeo, C., Auliz-Ortiz, D. M., Petatán-Ramírez, D., Reyes-Bonilla, H., Ivanova-Bonchera, A., and Juárez-León, E. (2020). Potential poleward distribution shift of dolphinfish (*Coryphaena hippurus*) along the southern California Current System. *Environmental Biology of Fishes*, 103, 973–984, https://doi.org/10.1007/s10641-020-00999-0

Shen, M.-L., Tseng, Y.-H., and Jan, S. (2011). The formation and dynamics of the cold-dome off northeastern Taiwan. *Journal of Marine Systems*, 86, 1–2, http://dx.doi.org/10.1016/j.jmarsys.2011.01.002

Shen, M.-L., Tseng, Y.-H., Jan, S., Young, C.-C., and Chiou, M.-D. (2013). Long-term variability of the Kuroshio transport east of Taiwan and the climate it conveys. *Progress in Oceanography*, http://dx.doi.org/10.1016/j.pocean.2013.10.009.

Stommel, H., and Yoshida, K. Eds. (1972). *Kuroshio: Physical Aspects of the Japan*, University of Washington Press. Seattle. 527 pp.

Stramma, L., Johnson, G. C., Sprintall, J., and Mohrholz, V. (2008). Expanding oxygen-minimum zones in the tropical oceans. *Science*, 320, 655–658, doi: 10.1126/science.1153847

Stramma, L., Prince, E. D., Schmidtko, S., Luo, J., Hoolihan, J. P., Visbeck, M., Wallace, D. W. R., Brandt, P., and Körtzinger, A. (2012). Expansion of oxygen minimum zones may reduce available habitat for tropical pelagic fishes. *Nature Climate Change*, 2, 33–37, https://doi.org/10.1038/nclimate1304

Stramma, L., Schmidtko, S., Bograd, S. J., Ono, T., Ross, T., Sasano, D., and Whitney, F. A. (2020). Trends and decadal oscillations of oxygen and nutrients at 50 to 300 m depth in the equatorial and North Pacific. *Biogeosciences* 17, 813–831, https://doi.org/10.5194/bg-17-813-2020.

Sun, C. L., Chang, H. Y., Liu, T. Y., Yeh, S. Z., and Chang, Y. J. (2015). Reproductive biology of the black marlin, *Istiompax indica,* off southwestern and eastern Taiwan. *Fisheries Research*, 166, 12–20, https://doi.org/10.1016/j.fishres.2014.09.006

Sun, C. L., Yeh, S. Z., Liu, C. S., Su, N. J., and Chiang, W. C. (2015). Age and growth of Black marlin (*Istiompax indica*) off eastern Taiwan. *Fisheries Research*, 166, 4–11, https://doi.org/10.1016/j.fishres.2014.09.005

Sun, C. L., Chang, Y. J., Tszeng, C. C. Yeh, S. Z., and Su, N. J. (2009). Reproductive biology of blue marlin (*Makaira nigricans*) in the western Pacific Ocean. *Fishery Bulletin*, 107, 420–432.

Sverdrup, H. U. (1947). Wind-driven currents in a baroclinic ocean; with application to the Equatorial Currents of the Eastern Pacific. *Proceedings of the National Academy of Sciences,* U.S.A., 33, 11, 318–326, doi:10.1073/pnas.33.11.318.

Tang, T.-Y., Hsueh, Y., Yang, Y. J., and Ma, J.-C. (1999). Continental slope flow northeast of Taiwan. *Journal of Physical Oceanography*, 29, 1353–1362, http://dx.doi.org/ 10.1175/ 1520-0485(1999)029<1353:CSFNOT>2.0.CO;2.

Tang, T.-Y., Tai, J.-H., and Yang, Y. J. (2000). The flow pattern north of Taiwan and the migration of the Kuroshio. *Continental Shelf Research*, 20, 349–371, http://dx.doi.org/10.1016/S0278-4343(99)00076-X.

Testor et al. (2019). OceanGliders: A Component of the Integrated GOOS. *Frontiers in Marine Science*, 2, https://doi.org/10.3389/fmars.2019.00422.

Tsai, Y., Chern, C.-S., and Wang, J. (2008). Typhoon induced upper ocean cooling off northeastern Taiwan. *Geophysical Research Letters*, 35, L14605, http://dx.doi.org/10.1029/2008GL034368.

Tsai, Y., Chern, C.-S., Jan, S., and Wang, J. (2013). Numerical study of Cold Dome variability induced by Typhoon Morakot (2009) off Northeastern Taiwan. *Journal of Marine Research*, 71, 1-2, 109-132.

Tsai, C.-J., Andres, M., Jan, S., Mensah, V., Sanford, T. B., Lien, R.-C., and Lee, C. M. (2015). Eddy-Kuroshio interaction processes revealed by mooring observations off Taiwan and Luzon. *Geophysical Research Letters*, 42, 8098–8105, https://doi.org/10.1002/2015GL065814.

Tsai, C. N., Chiang, W. C., Sun, C. L., Shao, K. T., Chen, S. Y., and Yeh, S. Z. (2014). Trophic size-structure of sailfish *Istiophorus platypterus* in eastern Taiwan by stable isotope analysis. *Journal of Fish Biology*, 84, 354–371, doi: 10.1111/jfb.12290

Tsai, C. N., Chiang, W. C., Sun, C. L., Shao, K. T., Chen, S. Y., and Yeh, S. Z. (2015). Stomach content and stable isotope analysis of sailfish (*Istiophorus platypterus*) diet in eastern Taiwan waters. *Fisheries Research*, 166, 39–46, https://doi.org/10.1016/j.fishres.2014.10.021

Tseng, Y.-H., Shen, M.-L., Jan, S., Dietrich, D. E., and Chiang, C.-P. (2012). Validation of the Kuroshio current system in the dual-domain Pacific Ocean model framework. *Progress in Oceanography,* 105, 102–124, http://dx.doi.org/10.1016/j.pocean.2012.04.003

van Haren, H., Chi, W.-C., Yang, C.-F., Yang, Y. J., and Jan, S. (2020). Deep sea floor observations of typhoon driven enhanced ocean turbulence. *Progress in Oceanography*, 184, 102315, https://doi.org/10.1016/j.pocean.2020.102315.

Vélez-Belchí, P., Centurioni, L. R., Lee, D.-K., Jan, S., and Niiler, P. P. (2013). Eddy induced Kuroshio intrusions onto the continental shelf of the East China Sea. *Journal of Marine Research*, 71, 1-2, 83-108, https://elischolar.library.yale.edu/journal_of_marine_research/366.

Vedor, M., Mucientes, G., Hernández-Chan, S., Rosa, R., Humphries, N., Sims, D. W., and Queiroz, N. (2021a). Oceanic diel vertical movement patterns of blue sharks vary with water temperature and productivity to change vulnerability to fishing. *Frontiers in Marine Science*. 8:688076. https://doi.org/10.3389/fmars.2021.688076.

Vedor, M., Queiroz, N., Mucientes, G., Couto, A., Costa, I. D., Santos, A. D., Vandeperre, F., Fontes, J., Afonso, P., Rosa, R., Humphries, N. E., and Sims, D. W. (2021b). Climate-driven deoxygenation elevates fishing vulnerability for the ocean's widest ranging shark. *Elife*, 10, e62508, https://doi.org/10.7554/eLife.62508.

Wada, A. (2015). Unusually rapid intensification of Typhoon Man-yi in 2013 under preexisting warm-water conditions near the Kuroshio front south of Japan. *Journal of Oceanography*, 71, 597– 622, https://doi.org/10.1007/s10872-015-0273-9

Wang, J., and Chern, C.-S. (1988). On the Kuroshio branch in the Taiwan Strait during wintertime. *Progress in Oceanography*, 21, 469–491, https://doi.org/10.1016/0079-6611(88)90022-5

Wang, S. P., Sun, C. L., Yeh, S. Z., Chiang, W. C., Su, N. J., Chang, Y. J., and Liu, C. H. (2006). Length distributions, weight-length relationships, and sex ratios at lengths for the billfishes in Taiwan waters. *Bulletin of Marine Science*, 79, 865–869. https://www.researchgate.net/publication/262908178

Wang, Y.-L., Wu, C.-R., and Chao, S.-Y. (2016). Warming and weakening trends of the Kuroshio during 1993–2013. *Geophysical Research Letters*, 43, 9200–9207, https://doi.org/10.1002/2016GL069432

Williams, S. M., Holmes, B. J., Tracey, S. R., Pepperell, J. G., Domeier, M. L., and Bennett, M. B. (2017). Environmental influences and ontogenetic differences in vertical habitat use of black marlin (*Istiompax indica*) in the southwestern Pacific. *Royal Society Open Science*, 4, 170694, https://doi.org/10.1098/rsos.170694

Wu, C.-R., Chang, Y.-L., Oey, L.-Y., Chang, C.-W. J., and Hsin, Y.-C. (2008), Air-sea interaction between tropical cyclone Nari and Kuroshio, *Geophysical Research Letters*, 35, L12605, doi:10.1029/2008GL033942.

Yang, K.-C., Wang, J., Lee, C. M., Ma, B., Lien, R.-C., Jan, S., Yang, Y. J., and Chang, M.-H. (2015). Two mechanisms cause dual velocity maxima in the Kuroshio east of Taiwan. *Oceanography*, 28, 4, 64–73, http://dx.doi.org/10.5670/oceanog.2015.82.

Yang, Y., Liu, C.-T., Hu, J.-H., and Koga, M. (1999). Taiwan current (Kuroshio) and impinging eddies, *Journal of Oceanography*, 55, 609–617.

Yang, Y. J., Jan, S., Chang, M.-H., Wang, J., Mensah, V., Kuo, T.-H., Tsai, C.-J., Lee, C.-Y., Andres, M., Centurioni, L. R., Tseng, Y.-H., Liang, W.-D., and Lai, J.-W. (2015). Mean structure and fluctuations of the Kuroshio east of Taiwan from in-situ and remote observations. *Oceanography*,

28, 4, 74–83, https://doi.org/10.5670/oceanog.2015.83.

Yang, Y. J., Chang, M.-H., Hsieh, C.-Y., Chang, H.-I, Jan, S., and Wei, C.-L. (2019). The role of enhanced velocity shears in rapid ocean cooling during Super Typhoon Nepartak 2016. *Nature Communications*, 10, 1627, https://doi.org/10.1038/s41467-019-09574-3

Yuan, D., Han, W., and Hu, D. (2006). Surface Kuroshio path in the Luzon Strait area derived from satellite remote sensing data. *Journal of Geophysical Research*, 111, C11007, doi:10.1029/2005JC003412.

Zhang, D., Lee, T. N., Johns, W. E., Liu, C. T., and Zantopp, R. (2001). The Kuroshio east of Taiwan: Modes of variability and relationship to interior ocean mesoscale eddies. *Journal of Physical Oceanography*, 31, 1054–1074, https://doi.org/10.1175/1520-0485(2001)031<1054:TKEOTM >2.0.CO;2

楊穎堅 (2014) 臺灣北方三島附近海域的冷水渦。科學月刊，536期，https://www.scimonth.com. tw/archives/4701

詹森，郭天俠 (2018) 北太平洋西邊的輸送帶—黑潮。科學月刊，580，https://www.scimonth. com.tw/archives/1917

詹森，郭天俠 (2018) 黑潮、氣候、生活之情緣。科學月刊，581，https://www.scimonth.com. tw/archives/1898

戴昌鳳等 (2018)，詹森主編，臺灣區域海洋學 (二版)。國立臺灣大學出版中心，524頁。

王河盛 (1985) 新港漁港滄桑史。臺東文獻，復刊第六期，4-13。

江偉全 (2007) 臺灣旗魚列傳。數位典藏國家型科技計畫聯合目錄特色典藏專文。

江偉全 (2008) 新港旗魚傳。拓展臺灣數位典藏計畫聯合目錄特色典藏專文。

江偉全 (2009) 戴著頭架的漁船。拓展臺灣數位典藏計畫聯合目錄特色典藏專文。

江偉全，陳淑穎，劉燈城 (2010) 滾滾黑潮。拓展臺灣數位典藏計畫聯合目錄特色典藏專文。

江偉全，孫志陸，陳文義，劉燈城，蘇偉成 (2010) 海中「旗」手的生態密碼，科學月刊，452，26-31。

江偉全，陳淑穎，陳文義，劉燈城 (2010) 臺東旗魚漁業文化。臺東文獻，復刊第十六期，63–72。

江偉全，許紅虹，陳佳香，洪曉敏，林憲忠，呂雯娟，林志遠，陳文義，陳世欽，劉燈城 (2012) 臺灣東部漁業文化資產保存與傳承。邵廣昭、謝長富、何恭算主編，臺灣生物多樣性與地質資料庫－數位典藏與數位學習國家型科技計畫生物與自然主題小組成果彙編2002-2012成果發表，167-182頁。

江偉全，林沛立，陳文義，劉燈城 (2014) 臺灣東部魚類圖鑑。水產試驗所特刊第18號，336頁。

西村一之 (2003) 但願捕魚成功：由臺灣東部鏢旗魚觀其民俗。臺灣文獻，54，97–112。

西村一之 (2004) 臺灣東部的漁撈技術的傳承與「日本」—於近海鏢旗魚盛衰之間。臺灣文獻，55，117–144。

林玉茹 (2001) 殖民與產業改造－日治時期東臺灣的官營漁業移民。臺灣史研究，7，551–593。

林憲忠 (2021) 西北太平洋鬼頭刀棲地偏好及移動行為。國立臺灣海洋大學環境生物與漁業科學學系博士論文，132頁。

林憲忠，王勝平，江偉全，何源興 (2022) 臺灣沿近海鬼頭刀漁業及族群特徵。水產試驗所特刊第 32 號，139 頁。

林憲忠，王勝平，江偉全，蔡富元，許紅虹，張景淳，何源興 (2019)。臺灣東部新港海域鬼頭刀延繩釣漁業漁獲組成及作業漁場分布。水產研究，27，13–31。

劉祐瑜 (2018) 臺灣東部海域鬼頭刀生殖生物學研究。國立臺灣海洋大學環境生物與漁業科學學系碩士論文，105 頁。

蔡富元，江偉全，陳朝清，D. J. Madigan，何源興 (2016) 臺灣東部海域鬼頭刀攝食生態。水產研究，24，11–24。

邵廣昭，陳靜怡，蔡正一，邱郁文，葉建成，謝來玉 (2008) 雅美＜達悟＞族的海洋生物，臺東縣政府文化局，臺東縣，231 頁。

夏曼・藍波安 (1992) 八代灣的神話，晨星出版，臺中市，173 頁。

夏曼・藍波安 (1997) 冷海情深，聯合文學，臺北市，243 頁。

夏曼・藍波安 (2007) 航海家的臉，印刻文學，新北市，199 頁。

夏曼・藍波安 (2009) 老海人，印刻文學，新北市，237 頁。

夏曼・藍波安 (2009) 黑色的翅膀，聯經，臺北市，280 頁。

夏曼・藍波安 (2012) 天空的眼睛，聯經，臺北市，212 頁。

夏曼・藍波安 (2021) 我願是那片海洋的鱗片，INK 印刻文學，新北市，231 頁。

陳宗仁教授演講「Selden map 有關臺灣的描繪及其知識來—兼論北港與加里林的位置與地緣意涵」紀要。http://mingching.sinica.edu.tw/cn/Academic_Detail/889。

董恩慈，汪明輝 (2016) 達悟族傳統生態知識與其永續性價值，地理研究 65，143-167。

參考網頁

https://www.worldhistory.org/article/1078/on-the-ocean-the-famous-voyage-of-pytheas/

https://www.britannica.com/science/subtropical-gyre

https://en.wikipedia.org/wiki/Fridtjof_Nansen#/media/File:Nansen_Johansen_depart_14_March_1895.jpg

https://seldenmap.bodleian.ox.ac.uk/

https://ctext.org/zh

https://commons.wikimedia.org/wiki/File:Guangzhou,_Chinese_Boats_by_Lai_Afong,_c%D0%B0_1880.jpg

http://alabamamaps.ua.edu/historicalmaps/world/1851-1875_pg1.html

https://www.ncei.noaa.gov/access/metadata/landing-page/bin/iso?id=gov.noaa.nodc:NODC-WOCE-GDR

https://tccip.ncdr.nat.gov.tw/km_newsletter_one.aspx?nid=20150828115200

https://www.agriharvest.tw/archives/36878

https://nchdb.boch.gov.tw/assets/advanceSearch/tkp/20191220000004

http://www.taiwanfip.tw/mahimahi_fip.html

中英文名詞對照表

食物網｜Food web
食物鏈｜Food chain
祕魯洋流｜Peru Current

10畫
套流｜Loop Current
島嶼尾渦流｜Island wake
捕食食物鏈｜Grazing food chain
氣候變遷｜Climate change
氣旋渦｜Cyclonic eddy
氣溶膠｜Aerosol
浬｜Nautical mile
浮游生物｜Plankton
浮標｜Data buoy
海洋科學永續發展十年計畫｜United Nations Decade of Ocean Science for Sustainable Development
海洋科學探測許可｜Marine Scientific Research（MSR）clearance
海洋管理委員會｜Marine Stewardship Council（MSC）
海研一號｜R/V Ocean Researcher I
海面波浪海底地形｜Surface Wind Ocean Topography（SWOT）
琉球島弧｜Ryukyu Island Arc
紊流｜Turbulence
紊流剖面儀｜Turbulence profiler
索餌場｜Feeding Ground
逆時針｜Counterclockwise
鬼頭刀｜Dolphinfish
鬼頭刀延繩釣｜Dolphinfish longline

11畫
副熱帶反流｜Subtropical Counter Current
副熱帶環流｜Subtropical Gyre
動力漁船｜Dynamic fishing vessel
動力機制｜Dynamic mechanism
動態定位｜Dynamic positioning（DP）

國際水域｜International water
國際安全管理章程｜International Safety Management Code（ISM）
國際科學合作黑潮探測計畫｜A cooperative study of the Kuroshio Current and adjacent region（CSK）
專屬經濟區｜Exclusive Economic Zone（EEZ）
捲入｜Entranment
混合｜Mixing
混合層｜Mixing layer
產卵洄游｜Spawning migration
產卵場｜Spawning ground
眼眶魚｜Razor trevally
第一、二島鏈渦旋與紊流實驗｜Island Arc Turbulent Eddy Regional Exchange（ARCTERX）
第六階段耦合模式比對計畫｜Coupled Model Intercomparison Project Phase 6（CMIP6）
貧營養鹽水｜Oligotrophic water
透光層｜Euphotic zone
速度切｜Velocity shear

12畫
凱文-亥姆霍茲不穩定波串｜Kelvin-Helmholtz instability billows
單音束測深儀｜Single beam echosounder
最少含氧區｜Oxygen Minimum Zone（OMZ）
湧升流（上升流）｜Upwelling
湧升漁場｜Upwelling fishing ground
短吻四鰭旗魚｜Shortbill spearfish
硝酸鹽｜Nitrate
等密度面｜Isopycnal surface
等溫度面｜Isotherm surface
絲流｜Filament
華盛頓大學應用物理實驗室｜Applied Physics Laboratory, University of Washington

螢光 | Fluorescence
親潮 | Oyashio
頭足類 | Cephalopod
勵進研究船 | R/V Legend
壓力梯度力 | Pressure gradient force
營養位階 | Trophic level
營養鹽 | Nutrient
營養鹽流 | Nutrient stream
磷酸鹽 | Phosphate
聯合國海洋法公約 | United Nations
    Convention on the Law of the Sea
    （UNCLOS）
韓國海洋研究院 | KIOST
鮪延繩釣 | Tuna long line
黏滯係數 | Viscosity
擴散係數 | Diffusivity

18～25畫
翻轉 | Overturning
舊石器時代 | Paleolithic age
雙流速核心 | Dual velocity core
雙擴散 | Double diffusion
離心力 | Centrifugal force
邊界層 | Boundary layer
鏢旗魚 | Harpoon fishing
顛倒式聲納及壓力儀 | Pressure sensor-
    equipped inverse echo sounder（PIES）
懸浮顆粒 | Suspended particle
攝食洄游 | Feeding migration
蘭嶼 | Orchid Island
躍密層 | Pycnocline
躍溫層 | Thermocline
鹽度 | Salinity
鹽指 | Salt fingering
鹽溫深儀 | Conductivity-temperature-depth
    sensors
灣流 | Gulf Stream

beNature 06

黑潮震盪：從臺灣東岸啟航的北太平洋時空之旅
跟隨研究船和旗魚的航跡，騎乘黑潮的海上故事
Kuroshio Odyssey: A Mesmerizing Time-Space Voyage from Taiwan's East Coast to the North Pacific

作　　　者　詹森、江偉全

野人文化股份有限公司 第二編輯部
主　　　編　王梵
封 面 設 計　莊謹銘
內 頁 排 版　丸同連合 UN-TONED Studio
圖 表 製 作　詹森、江偉全、林憲忠、郭天俠、王釋虹
照 片 提 供　詹森、江偉全、洪曉敏、金磊、許紅虹、陳玟樺、張碁璿、海部陽介、何文華、楊穎堅、鄭宇昕、
　　　　　　張信儒、吳維常、鄭鈞元、詹穎、魏辰晞、臺大海洋所、水產試驗所

出　　　版　野人文化股份有限公司
發　　　行　遠足文化事業股份有限公司
　　　　　　（讀書共和國出版集團）
地　　　址　231新北市新店區民權路108-2號9樓
電　　　話　(02)2218-1417 傳眞：(02)8667-1065
電 子 信 箱　service@bookrep.com.tw
網　　　址　www.bookrep.com.tw
郵 撥 帳 號　19504465遠足文化事業股份有限公司
客 服 專 線　0800-221-029
法 律 顧 問　華洋法律事務所 蘇文生律師
印　　　製　呈靖彩藝有限公司
初 版 一 刷　2023年12月
定　　　價　700元
I S B N　978-986-384-993-3
EISBN(PDF)　978-986-384-979-7
EISBN(EPUB)　978-986-384-980-3

國家圖書館出版品預行編目（CIP）資料

黑潮震盪：從臺灣東岸啟航的北太平洋時空之旅【跟隨研究船和旗魚的航跡,騎乘黑潮的海上故事】
Kuroshio odyssey : a mesmerizing time-space voyage from Taiwan's East Coast to the North Pacific
/ 詹森、江偉全作. – 初版. – 新北市：野人文化股份有限公司出版：遠足文化事業股份有限公司發行，2023.12
264 面；17×23公分. – (beNature；6)
ISBN 978-986-384-993-3(平裝)

1.CST：黑潮　2.CST：臺灣　2.CST：海流　2.CST：海洋學
351.96　　　　112020754